雷射原理與光電檢測

陳席卿　編著

U0068899

全華圖書股份有限公司

我們的宗旨：

提供技術新知
帶動工業升級
爲科技中文化再創新猷

資訊蓬勃發展的今日，
全華本著「全是精華」的出版理念
以專業化精神
提供優良科技圖書
滿足您求知的權利
更期以精益求精的完美品質
爲科技領域更奉獻一份心力！

爲保護您的眼睛，本公司特別採用不反光的米色印書紙!!

序言

　　國立雲林工專由教育部及行政院國科會光電小組的策劃及推動下，指定為發展光電科技教育重點學校，光電教育發展特色乃以光電檢測及雷射加工為主，完全配合國家政策，並配合學校以電機科、機械類科、自動化科及光電科之機電整合為主體的特色而深入發展。

　　行政院國科會於中華民國七十一年七月頒佈光電科技列為重點科技之一，則以①建立我國雷射及光電工業。②促進相關重點科技及策略性工業之發展。③配合國防科技與工業之發展。④強化光電基礎科學研究。⑤加強學校光電人才培訓等五項目標。再而配合學校發展特色來推動三項教育方針：①推動富有創造性之光電科技、教育、研究與專業技術。②加強光電基礎知識、理論、研究及培育基礎性之研究能力，充實有獨創性、革新性之基礎實驗技術之能力。③培育光電人才，以配合國家發展計畫，使科技和人類、社會調合發展。最重要以培育優秀的電機科、機械類科、自動化科、光電科等之機電整合人才，就成為我國工業發展的當務之急，方能達到最佳教育貢獻之成果。

　　光電科技之領域包括光纖通訊、光電檢測、雷射加工、醫療環保、光學元件及雷射製造設計等，因此整體教育目標乃在培育學生具備良好的基礎理論及實驗能力，以達到理論與實技

合爲一體教學系統，能讓學生畢業後直接和工商業界或研究單位結合，並且對光電技術的簡易設計與製造、操作維修等能力，乃是教育之職責。

另有鑑於國內有關光電檢測書籍、教科書極少，首先感謝全華科技圖書公司陳本源總經理及承蒙行政院國科會光電小組執行秘書石大成博士、中央大學光電研究所所長梁忠義博士、國立台北工專張天津校長及國立雲林工專余政光校長、教務主任陳豐村教授、秘書室曾全輝主任秘書、電機科卓信誠主任、自動化科謝一鳴主任、光電科張春田主任和本校老師、助教同仁們之熱誠指導與鼎力協助；還有日本大學理工學部理工研究所雷射放電高壓研究室的指導教授升谷孝也博士、谷山哲哉博士、鈴木薰博士，以及光電檢測研究室的石井弘允教授慇懃教導，並提供有關雷射光電資料，方能順利完成「雷射原理與光電檢測」乙書，其內容簡單易懂，深入淺出，且適合於光電科、電機科、電子科及相關科系的教材。最後由衷摯誠謹致最深謝忱。

經濟成長、科技研究，受了不少壓力，影響人體健康甚大，形成文明時代的文明病，於是不斷研究開發理工、光電知識結合醫學、中醫學經絡之健康治療器，並利用良導絡測試與電腦連結，了解人體的身體能量、病狀，預防治療其病。也感謝電機工程系李永振主任、陳中政前主任、顏義和前主任、鄭健隆副教授、鍾文深老師、林來福技士、林文聰技佐、邱月珠教官、廖俊吉教官、鄭詔文訓導員等，熱忱關懷與鼓勵，謹致最深感恩，而再完成第十一章「磁場對人體健康的影響」及第十二章「醫學對人體經絡能量的影響」。

本書的內容：

　　由於著者才疏學淺，付梓匆促，難免有疏漏謬誤之處，尚祈先進賢達不吝指正，致感為幸。

　　　　　　　　　　　　　　陳席卿　　謹識於國立虎尾技術學院

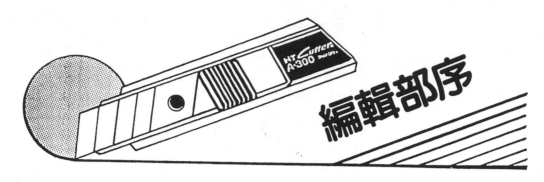

編輯部序

　　「系統編輯」是我們的編輯方針，我們所提供給您的，絕不只是一本書，而是關於這門學問的所有知識，它們由淺入深，循序漸進。

　　本書可分為兩個部份，第一部份是以基本的雷射原理與電工學應用、電路設計為主；另一部份則是光電檢測技術應用、特別光纖計算方法及注意事項，使讀者能獲得雷射知識及應用，更能將電機、電子、機械、自動控制、光電融合一體，研究開發新的實驗，適合做為大專電機、電子、機械、光電工程科之教材之用。

　　同時，為了使您能有系統且循序漸進研習相關方面的叢書，我們以流程圖方式，列出各有關圖書的閱讀順序，以減少您研習此門學問的摸索時間，並能對這門學問有完整的知識。若您在這方面有任何問題，歡迎來函連繫，我們將竭誠為您服務。

相關叢書介紹

書號：0379104
書名：近代光電工程導論(第五版)
編著：林宸生.陳德請
20K/592 頁/550 元

書號：0618371
書名：光電工程概論(第二版)
　　　(精裝本)
編譯：孫慶成
16K/280 頁/350 元

書號：0529801
書名：光纖通信與網路技術
　　　(修訂版)
編著：賴柏洲
20K/456 頁/450 元

書號：06235
書名：新世代照明光源與顯示器－
　　　場發射技術
編著：羅吉宗.林長華
16K/304 頁/370 元

書號：0568201
書名：半導體發光二極體及固體照明
　　　(第二版)
編著：史光國
20K/496 頁/550 元

◎上列書價若有變動，請
　以最新定價為準。

流程圖

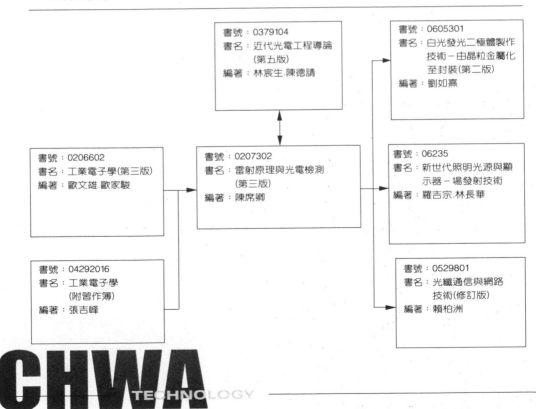

書號：0379104
書名：近代光電工程導論
　　　(第五版)
編著：林宸生.陳德請

書號：0605301
書名：白光發光二極體製作
　　　技術－由晶粒金屬化
　　　至封裝(第二版)
編著：劉如熹

書號：0206602
書名：工業電子學(第三版)
編著：歐文雄.歐家駿

書號：0207302
書名：雷射原理與光電檢測
　　　(第三版)
編著：陳席卿

書號：06235
書名：新世代照明光源與顯
　　　示器－場發射技術
編著：羅吉宗.林長華

書號：04292016
書名：工業電子學
　　　(附習作簿)
編著：張吉峰

書號：0529801
書名：光纖通信與網路
　　　技術(修訂版)
編著：賴柏洲

CHWA TECHNOLOGY

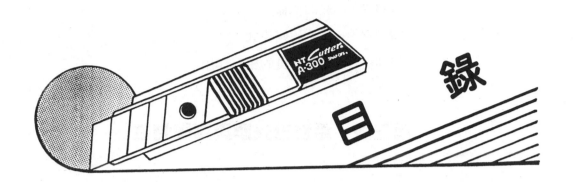

目 錄

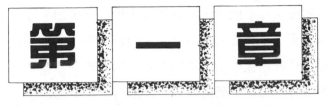

概　論

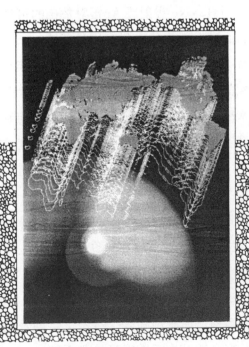

1-1 前　言

　　最近數年來，科學進步神速，日新月異，幾乎一日不求新知識即有無從趕上之勢，誰都知道，二十世紀是一個科技時代，大則如宇宙航空工業、國防軍事工業、光電工業；小則如一根精密加工的繡花針、非接觸性檢測及加工，皆與科學發生極密切的關係；光電檢測則在光電時代佔非常重要一部份，由此可知，科學和人類的生活有息息相關，而西元兩千年勢必將邁向全新的光電技術時代。

　　三十年歲月逐漸開發各種雷射技術及應用，係由首台的紅色可見光紅寶石雷射（ ruby laser ）問世以來，啓開光電科技之序幕，於是先進國家積極研究開發適合光電檢測的氣體雷射、固體雷射、光電元件、半導體光檢測元件的高頻波長反應等技術。

　　先進國家最早使用 He-Ne 雷射或 Ar 雷射放出的可見光特性，作爲研究實驗傳統性光學檢測法而邁入新式的雷射應用檢測法。

　　依照目前的現狀，雷射應用檢測法，其應用範圍非常廣泛，本書後面幾章將會依雷射光的特性而作出應用領域圖表。

　　爲着提高科技水準，特別著重光電檢測項目，如何利用雷射檢測精密長度及定位、速度的精確度，還有檢測光電電路特性及溫度、壓力、振動、音響、輻射線、電機、電子、電磁波、光譜等特性。因此光電檢測與光感測器息息相關，例如檢出空間的 "位置"、"形狀"、"尺寸"。今後開發對光、熱、電波、電場、磁場之檢測，必要使用光學系統的光感測器、光纖之組裝系統；另外針對檢測對象物的位置、溫度、壓力、顏色之時代，逐漸邁向光感測系統、光檢測系統、信號處理系統、高度資訊檢測能力系統，那就是未來的「智慧型光檢測系統」的尖端科技。

　　表 1-1 所示的光電檢測與應用範圍，今後，將朝着光電檢測與應用系統、應用領域而努力開發綜合性、廣泛性之光檢測系統。

表 1-1　　光電檢測與應用範圍

	科 學 檢 測	產 業 檢 測	醫 學 檢 測	其　　　他
應用系統	●遙感檢測（資源探測，氣象觀測）	●工業用電視監控（生產管理，程序控制）	●醫療檢查（身體部位觀察）	●抽　出（資料解析、警報）
可　見　光（單色、白色）	●人造衛星偵測 ●宇宙船太空梭飛航姿勢控制 ●水平線感測 ●方位決定用太陽追踪器 ●雷射距離檢測	●產業用機械人的感測器 ●產品尺寸檢測 ●產品大小選擇 ●各種光開關	●各種胃鏡檢測 ●身體細胞的顯微檢測	●船舶、飛機侵入領空檢測 ●飛彈導航飛行控制 ●火炮控制 ●飛機衝撞警報
光耦合器型複合機能元件	●各種分光分析 ●光電比色儀 ●雷射雷達	●各種門類開關	●各種胃鏡 ●盲人用誘導儀器 ●眼科用檢查機器	●超高壓的遠距離測定防範鈴
紫外及可見影像光譜	●研究半導體電子能階構造 ●各種螢光分析	●各種生產線程序 ●塗　料 ●色調自動辨別 ●零件自動選擇 ●半導體 IC 模型自動檢測 ●查食品新鮮度的判定	●X線、可見、超音波的斷層診斷 ●各種胃鏡	●公害汙染監視裝置 ●礦物的螢光分析
可見及近紅外影像光譜	●各種遠隔感測資源檢查 ●氣象觀測 ●固體、液體、氣體的不純物分布、溫度分布測量	●森林火災發現 ●材料表面的褪色性～酸性的鑑定	●皮膚色、血液色的健康狀態鑑定 ●眼科檢查	●船舶、飛機、侵入物檢測 ●飛彈導航 ●水中的微生物分布檢測 ●食品新鮮度檢查
紅外透過光譜	●水質檢查 ●各種分光分析 ●海洋汙染檢測 ●大氣汙染檢測	●亂氣流的檢出 ●有機物、氣體的分析 ●水中的油檢出	●空氣汙染的檢出 ●血液與呼吸氣體中的CO_2檢出 ●尿的自動檢查	●氣體檢出（酒醉駕駛檢知） ●目標和背景的標定 ●玻璃、塑膠內部應力測定

表 1-1　（續）

	科 學 檢 測	產 業 檢 測	醫 學 檢 測	其　　他
紅外反射光譜	● 製造年月日的識別 ● 月亮、星球的表面構造調查 ● 寶石的鑑定 ● 地球資源的探測	● 產業監視的防範 ● 製造中的照相底片試驗 ● 樹木、農作物的檢查 ● 水質檢查 ● 包裝物中的品質檢查	● 血管閉塞的位置判定 ● 眼睛檢查 ● 火傷診斷 ● 皮膚病的鑑定	● 夜間運行 ● 海水、河川污染度分布 ● 地表監視 ● 土壤狀態管理
熱線輻射光譜	● 地熱、火山地區的探索 ● 細菌繁殖管理	● 各種非破壞試驗檢查 ● 紅外線光學材料檢查 ● 熱絕緣效率研究	● 皮膚炎診斷 ● 火傷、凍傷等診斷 ● 病發初期診斷	● 各種電機、機械零件及地圖作成 ● 生體活動力判定

1-2　雷射原由

　　六十年代初，美國科學家梅曼在休斯實驗室研究成功首台運轉的紅寶石雷射（ ruby-laser ）。他在美國休斯實驗室負責量子電子學，其論文是利用微波來研究氦誘發態的精細結構，並用在微波量子放大器製作首台以液態氮冷却的紅寶石微波量子放大器，以後又發展出以乾冰冷却的放大器。將紅寶石棒插入螺旋圈內部，且在螺旋燈外部圍以聚光腔來收集射向外部的光線，這樣就能使紅寶石棒得到足夠的照明，此過程係為目前氣體雷射管系統，則梅曼在1960年7月7日紐約時報發表這項研究成功的消息。

　　紅寶石雷射的英文名詞 —— Ruby Laser 。但是「雷射」一詞的英文名詞是「 LASER 」，這個字係由 Light Amplification by Stimulated Emission of Radiation ，各取頭一個字母縮寫而成的雷射。其中文意為經由輻射的誘發放射而達到光放大。

1-3 雷射發展史

　　研究中國科學史並非西歐國家傳統科學思想及思潮活動。中國傳統的自然認識、物質認識合爲兩個觀點而敍之：

1. 氣

　　中國之科學史、哲學史、思想史著重於中國傳統的自然觀、物質觀、觀其天物、認識物質、瞭解物質構造的連續性與不連續性，再而物質和運動的不滅性觀點，無形中成爲物質觀的「氣」，乃爲中國唯氣唯物論的宇宙論、物質論、生物論、人性論等，展開至今的雷射時代。

2. 學、論、觀的鼎立統一

　　中國在三千年的歷史上，祖先留下自然認識、物質認識──學、論、觀的思想，乃爲中國的物質論、自然論。物質論、自然論的基本領域有元素論、原子論、時光論、運動論、宇宙論，皆爲與光電相關之理論。

　　就歐美而論，西元1918年愛因斯坦在他的「輻射的量子力學理論」上說明黑體輻射現象，係由理論上預言存有原子可能受激輻射光。1928年拉連堡（Ladenburg）、可布夫曼（Kopferman）在實驗研究上觀察到氣體放電，係由受激輻射造成的負色散效應，來證明愛因斯坦的預言。

　　本世紀五十年代才知道可以通過粒子數反轉分布狀態的原子、分子系統，將受激輻射光發射出來。布賽爾（Purcell）在1950年觀察到核自旋轉系統的反轉分布。1951年法卜利坦特利用粒子數反轉分布的物質，實現放大電磁輻射的構想。由歷史上來說，眞正將原子的受激輻射發射出來的，首先是在微波波段，1954年被研究製成的微波量子放大器（Microwave Amplification by Stimulated Emission of Radiation，簡稱爲MASER），成爲一門新興的科學。

　　1960年梅曼（Maiman）研究成功的世界首台雷射（Light Amplification by Stimulated Emission of Radiation 簡稱爲LASER），係

稱爲紅寶石雷射，至今成爲一門新興科學技術。

本世紀六十年代初，雷射方面有重大的發明與突破性的發展，自紅寶石雷射問世後，1961 年製造成功的混合氣體連續氦氖雷射（He-Ne laser：CW），同時研究成功的首台調Q雷射與釹玻璃雷射（YAG：glass laser）。1962 年，美國研究砷化鎵半導體雷射；1964 年研究成功的氬離子雷射（Ar⁺ laser）、二氧化碳雷射（CO_2 laser）、化學雷射與摻入釹的釔鋁石榴石雷射（YAG：Nd^{3+} laser）；1965 年實現了鈮酸鋁光學參量振盪器；1966 年研究成功的固體鎖模雷射，能夠取得超短脈波雷射與染料雷射；1970 年研究成功了分子雷射（excimer laser）；1977 年研究成功的紅外波段的自由電子雷射。參照表 1-2 雷射開發的年表。

表 1-2　雷射開發的年表

年 （西元）	產　　品	研　究　者
1916	誘導放出的理論	A. Einstein
1950	光針孔	A. Kastler
1951	核自旋反轉分佈	E.M. Purcell R.V. Pound
1954	微波量子放大器 （ammonia Maser）	J.P. Gordon，H.J. Zeiger，C.H. Townes
1958	雷射的考察	A.L. Schawlow， C.H. Townes
1960	紅寶石雷射	T.H. Maiman
	4 準位雷射	P.P. Sorokin M.J. Steven son
	He-Ne 雷射	A. Javan，W.R. W.R. Bennett D.R. Herriott
1961	Q開關發振	F.J.M. Clung R.W. Hellwarth
	外部鏡氣體雷射	W.W. Rigrod 等

表 1-2　（續）

年 （西元）	產　　　品	研　究　者
1962	玻璃雷射 光勵起 Cs 雷射 拉曼雷射 半導體雷射	E. Snitzer P. Rabinowitz 等 E. J. Woodburg， W. K. Ng M. I. Nathan 等
1963	Ring laser N₂ 分子雷射 紫外雷射（ N₂ ）	W. M. Macek 等 L. E. S. Mathias， J. T. Parker H. G. Heard
1964	氬離子雷射 　（ Ar⁺ laser ） 可飽和染料 Q 開關 模態同期 二氧化碳雷射 　（ CO₂ laser ） 室溫 YAG 連續發振 電子光束勵起 CdS 雷射	W. B. Bridges P. D. Sorokin 等 L. E. Hargrove 等 C. K. N. Patel J. E. Geusic 等 N. G. Basov 等
1965	化學雷射 光 parametronic 發振 FM 雷射 色中心雷射	J. V. V. Kasper， G. C. Pimentel J. A. Giordmaine， R. C. Mill r S. E. Harris， D. P. McDuff B. Fritz，E. Menke
1966	無機液體雷射 有機染料雷射 pico 秒脈波（ Nd 玻璃 ）	A. Heller P. P. Sorokin， J. R. Lankard A. J. DeMaria 等

表 1-2 （續）

年 （西元）	產　　　品	研　究　者
1967	雷射頻率測定	L.D.Hocker , A.Javan
1968	光勵起 BCl₃分子雷射	N.V.Karlov 等
1969	Pico 秒脈波	E.B.Treacy
1970	TEA CO₂雷射	A.J.Beaulieu
	Xe₂準分子雷射	N.G.Basov 等
	Gas dynamic 雷射	E.T.Gerry
	CW 染料雷射	O.G.Peterson 等
	室溫 CW 半導體雷射	I.Hayashi 等
	Spin flip 拉曼雷射	C.K.N.Patel 等
	光勵起 CH₃F 遠紅外發振	T.Y.Chang , T.J.Bridges
1971	分布歸還型染料雷射	H.Kogelnik , C.V.Shank
1972	導波型雷射	T.J.Bridges 等
1973	DFB 半導體雷射	M.Nakamura 等
1974	CW 色中心雷射	L.F.Mollenauer , D.H.Oison
1975	Hetero 準分子 XeBr 雷射	S.K.Searles , G.A.Hart
1976	自由電子雷射	L.R.Elias 等
？	X 線雷射	

1-4　雷射特性

　　雷射光是誘發輻射，而普通光源的光是自發輻射，所以雷射光與普通光源有四個不同之處，就是指雷射光具有四個基本特性：①高度方向性（direct-ionality）。②高度亮度性（brightness）。③高度相干性（coherence）。④高度單色性（monochromatity）。依其四個基本特性簡述如下：

(1)　高度方向性：雷射光呈完全平行的束狀傳播，而且雷射光束的擴散角極小，通常在 10^{-6} 球面度量級的立體角度內，但是普通光會向各處輻射，光線分散到 4π 球面度的立體角內。所以雷射光具有此特性可應用於宇宙間的雷射通信、雷射雷達、雷射測遠距離、雷射準直或定位等技術應用。

(2)　高度亮度性：雷射在單位面積、單位立體角內的功率輸出較強。雖然雷射能量輸出有一定限度，但是它能以十分細小的光束中在短時間內將脈波能量輸出，其比普通光源的亮度要高出百萬到數億倍。千萬要記住不能正視雷射光，否則會失明。例如：He-Ne 雷射輸出功率為 1 毫瓦特（1 mW），其亮度高達 10^9（W/sr·m²），而普通光源（高壓汞燈）輸出功率為 100 瓦（100 W），其亮度僅達 10^6（W/sr·m²），由此可知 1（mW）雷射的亮度竟然是 100（W）普通光源的一千倍。所以雷射光具有此特性可應用於雷射加工、淬火、表面處理、穿孔、切割及雷射光束摧毀高空飛行的飛彈、人造衛星、核融合等技術應用。

(3)　高度相干性：雷射光在時間相干性與空間相干性均較穩定，是普通光源無法與雷射光比擬的。相干性係指光在時間與空間上相關連的程度。所以雷射光具有此特性可應用於干涉量測全像術、光學信息處理等技術應用。

(4)　高度單色性：光源發生的光強度是按波長分布曲線的狹窄程度而定。光源的頻譜分布的寬度愈小，則單色性愈好。由此可知，雷射光的頻譜線

寬較小，故此普通光要好許多。它具有兩個主要因素，第一因素係指在這一躍遷發射頻譜線的能階之發光躍遷中，只有一對特定能階的躍遷方能得到放大。第二因素係指在這一躍遷發射譜線的寬度內，只有頻率條件的電磁波方能在光學諧振腔（光腔）中存在。例如，He-Ne 雷射在一般情況下，其波長為 6328（Å）譜線的 $\Delta\lambda$ 可達到 10^{-8}（nm）。比較同一元素發出的螢光，其單色性可提高了 4～5 個能階。所以雷射光具有此特性可應用於分離同位素、精密量測、通信應用、精密測長、超高分辨率光譜分析等技術應用。

1-5　雷射原理

愛因斯坦推導普朗克公式時，引用了兩個重要的概念，即為誘發輻射和自發輻射之概念。其中採用光與物質相互作用的模態，假設互相作用的原子只有兩個能態，如圖 1-1 所示的能態 E_2 與能態 E_1。原子由能態 E_2 向能態 E_1 躍遷，輻射出光子。由低能態向高能態躍遷，則吸收光子 $h\nu_{21}$。輻射光子的過程分為自發輻射和自然輻射。依其光與物質互相作用可分三種方式簡述如下：

1.　自發輻射（ spontaneous emission ）：

參照圖 1-1 的自發輻射。它亦稱為螢光（ fluorescence ），處於高能態的原子即使在沒有任何外界作用的情況下，它也有可能從高能態 E_2 躍遷到低能態 E_1，而且能量自然放出。這種在沒有外界作用的場合下，原子從高能態向低能態躍遷的方式有兩種：第一種係指躍遷過程中，自然的能量以熱能的形式放出，即所謂的無輻射躍遷。第二種係指躍遷過程中，釋放的能量是通過光輻射的形式放出，即所謂的自發輻射躍遷。輻射出的光子能量 $h\nu_{21}$ 為

$$\Delta E = E_2 - E_1 = h\nu_{21}$$

但是　　ν：頻率（ Hz ）

h：普朗克常數（ 6.626196×10^{-34} J.S 或 6.626196×10^{-27} erg·s ）

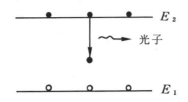

圖 1-1　自發輻射

　　原子自發輻射的特點，係是原子的自發輻射機率與原子本身性質有相關，它與外界輻射場無關。所以原子自發輻射是完全隨機的，各個原子在自發躍遷過程中彼此無關，這樣產生的自發輻射光在相位、偏振狀態以及傳播方向上都是雜亂無章，則光能量分布在一個很寬的頻率範圍內。因此，自發輻射為機制光源發出的光，它的單色性、方向性、相干性都是很差，而且沒有確定的偏振狀態。

2.　誘發吸收

　　圖 1-2 所示，當原子系統受到外來的能量 $h\nu_{21}$ 的光子照射時，如果 $\Delta E = E_2 - E_1 = h\nu_{21}$，則處於低能態 E_1 的原子受到誘發、躍遷到高能態 E_2 上去，同時吸收一個能量為 $h\nu_{21}$ 的光子，這種過程稱為光的誘發吸收。

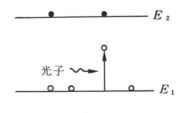

圖 1-2　誘發吸收

3.　誘發輻射（stimulated emission）

　　圖 1-3 所示，在光的誘發吸收過程中，同時還有一個相反的過程，即當原子受到外來的能量 $h\nu_{21}$ 的光子照射時，如果 $\Delta E = E_2 - E_1 = h\nu_{21}$，則處在高能態 E_2 上的原子也會受到外來能量為 h_{21} 的光子的誘發，而從高能態 E_2

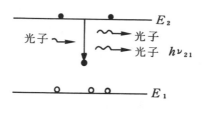

圖 1-3　誘發輻射

躍遷到低能態 E_1 上去，這時原子將發射一個和外來光子能量相同的光子，這種過程稱為誘發輻射。由此種輻射過程產生的光簡稱為「雷射」。

1-6　雷射種類

　　雷射是一門綜合性的科技知識，它的製造系統、幾何結構皆非常複雜，所以研究者首先要瞭解雷射產生、作用與功率等理論，再而測定其實際頻率，然而由實驗中觀察雷射有一定的頻寬的問題，參照圖1-4所示雷射種類。

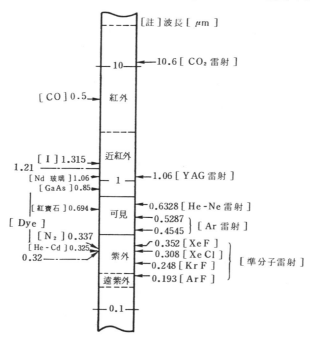

圖 1-4　雷射線光譜（雷射種類）

　　爲了瞭解各種雷射的不同用途與實際知識，簡略介紹應用最廣、最具代表性的雷射。

　　雷射包括①固體雷射，②氣體雷射，③液體雷射，④半導體雷射，⑤化學雷射。

1. 固體雷射

　　固體雷射的誘發介質是指絕緣晶體、非晶態材料。固體中能夠產生誘發的金屬離子，可分爲下列三種類：①U^{3+}的錒系金屬離子，②Cr^{3+}的過渡金屬離子，③Nd^{3+}或Dy^{2}的大多數鑭系金屬離子等三種類，能使摻雜到固體基質中的金屬離子具有較寬的吸收光譜線寬，以及有效的吸收光譜線寬等特性。

　　半導體雖屬於固體，但其運轉理論有些差別，待後在半導體雷射上會再敍述之。目前先進國家積極開發光纖雷射，也是一種極有發展前途的固體雷射。其中有的直接將誘發作用的離子摻入光纖，另一種利用雷射在低損耗光纖中產生的誘發拉曼散射來獲得可調諧雷射輸出，其主要功用係在研究雷射脈波在光纖中的傳播特性。

(1) 紅寶石雷射

　　目前最常用 YAG：Nd^{3+}雷射。但是雷射發展史上首台運轉的紅寶石雷射，至今仍然被廣泛的應用。紅寶石爲人們所知道已有幾百年了，其晶體是由人工方法生長的，可在高純度的剛玉石（Al_2O_3）晶體加入少量的Cr_2O_3，卽成爲雷射材料的紅寶石。絕大部份紅寶石雷射以脈波方式運轉，通常以中等氣壓（0.5×10^5 pa）的氙氣閃光燈作爲光泵，雷射棒的直徑爲 5～10 mm，長度爲 50～200 mm。當 Q 開關（Q-switch）運轉時，單一脈波輸出功率大致爲 10～50 mW，脈波寬 10～20 ns，假若以鎖模方式運轉時，可獲得峯值功率，脈波寬 10 ps 輸出。紅寶石雷射也能以連續方式運轉，其中光泵採用高壓汞燈，其輸出波長位於可見光範圍，它可應用於醫療、穿孔、點熔接。如圖 1-5、圖 1-6 所示紅寶石結晶的吸收光譜及紅寶石雷射裝置概略圖。

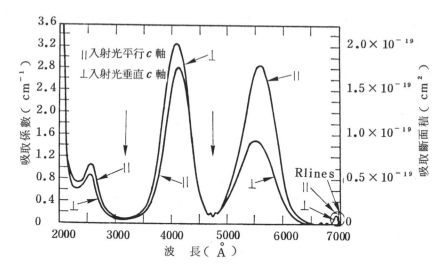

圖 1-5　紅寶石結晶的吸收光譜

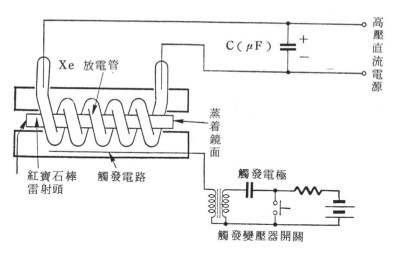

圖 1-6　紅寶石雷射裝置概略圖

(2)　釹雷射（ YAG雷射 ）

　　釹雷射的介質通常用Nd^{3+}離子，其中摻入釹釔鋁石榴石（ YAG：Nd^{3+} ）雷射，為使用最廣泛的固體雷射。YAG：Nd^{3+}是將 Y_2O_3 、Al_2O_3 、Nd_2O_3 按一定比例混合在高溫下生長而成的人工晶體，生成後的晶體中約有

1 ％的 Y^{3+} 由 Nd^{3+} 所替代。它廣泛使用於材料加工、精密加工、表面處理、測距、熔接、穿孔、外科手術等，是目前銷售額最高的一種固體雷射。但是釔鋁石榴石之化學式爲 $Y_3Al_5O_{12}$。

2. 氣體雷射

氣體雷射以氣體、蒸氣作爲物質，由於氣體中誘發離子密度較固體小得多，故需要較大體積的誘發介質才能獲得一定的功率輸出，因此大多數的氣體雷射的體積龐大，對有些應用會稍嫌不便。氣體雷射通常利用放電過程進行誘發，卽在氣體中通過適當大小的電流，電流通過氣體後產生自由電子和離子，電子由電場加速後取得足夠的動能，在與中性原子碰撞後，將這些粒子誘發到一系列高能階中，其中有些能階具有較長的壽命。

(1) 中性原子氣體雷射

中性原子氣體雷射是利用惰性氣體（如氦、氖、氬、氪、氙）或金屬原子蒸氣作爲介質，其中以 He-Ne 雷射是一個典型的例子。它的特性是構造簡單、價格低廉、性能穩定，特別是能夠輸出光束質量很好的可見光。而且應用於照準、定位、醫療、全像術、流速和流量測量、精密計量、光碟機、光學教學錄放、檢測等。

(2) 二氧化碳雷射

材料採用 CO_2、N_2 和 He 組成的混合氣體。依雷射結構，CO_2 雷射可分爲五種類：

① 縱向流動 CO_2 雷射：主要特性是氣體從電管一端進入，由抽氣機從另一端抽走。氣流、電流和光軸三者沿同一方向，氣體流動的主要目的是排除氣體中可能產生的會使氣體污染的解離產物，並且補充新鮮氣體，如圖1-7。其應用於非金屬材料切割、穿孔、電阻阻抗微調、金屬板銲接與外科手術方面。

② 封閉型 CO_2 雷射：它的構造與圖1-7相似，應用於雷射手術刀，特別是在微細外科手術上佔重要地位。

③ 橫向流動 CO_2 雷射：氣體流動方向與雷射輸出方向垂直，由於氣體通

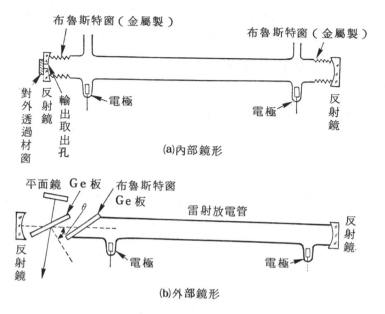

圖1-7　縱向流動氣體CO_2雷射槪略圖

道截面較大，以較低的流速就能達到縱向快速流動情況同樣的冷卻效果。這種結構的雷射稱爲橫向流動雷射，能產生高功率連續波輸出，應用於材料加工、切割、銲接（熔接）、表面金屬合金化等方面。

④　橫向振盪CO_2雷射：當氣壓增至大氣壓或甚至更高氣壓時，此稱爲大氣壓橫向振盪雷射（英文簡寫 TEA：Transversely Excited Atrrospheric pressure），由於氣壓的提高，這種雷射可以產生很大的脈波輸出能量，應用於雷射核聚變研究。

⑤　氣動CO_2雷射：利用高溫氣體迅速冷却的方法形成集居數反轉，燃料燃燒的熱能可以直接轉變爲相干光輻射能，而不需經過電能的轉換。

3. 液體雷射（染料雷射）

　　液體雷射又稱染料雷射，是以一些有機染料溶解於甲醇或乙醇、水等溶劑中作爲誘發介質的雷射。其應用於同位素分離、醫學中細胞分類與各種材料誘發壽命、雷射光譜研究等。它主要以有機染料溶液及含有稀土金屬離子的無機化合物溶液作爲誘發介質。

4. 半導體雷射

係以半導體晶體作為工作物質的一類雷射,主要包括Ⅲ-Ⅱ族化合物半導體(如砷化鎵GaAs、GaAlAs、InGaAsP)與Ⅱ-Ⅳ族化合物(如PbSnTe)。它應用於紅外光譜及高分辨光譜研究。目前,依照光泵式、即電注入式與高能電子束激勵式來製造半導體雷射。

5. 化學雷射

化學雷射係指粒子數反轉,也就是由化學反應直接產生的雷射。直接由化學能轉化為電磁能及化學反應可得到很大數值的能量。

1-7　雷射應用

雷射具有高度方向性(或稱指向性)、高度亮度性、高度相干性、高度單色性,使得它在許多方面受到重用,迄今雷射尖端科技的研究發展和應用均非常廣泛,例如,雷射可以作為長度、時間之基準,並可用於長度、轉速、電流、電壓、溫度等方面的精密測量,還可用於精密定位、準直、測距、國防軍事武器、導航飛彈方向、精密加工、醫療工程、電腦檢測、雷射印表機、人造衛星傳波、土木工程、觀測大氣污染、電波望遠鏡監視、防衛用通信系統等範圍,近年來,美國積極開發研究的宇宙戰略防衛系統計畫(SDI:星戰計畫),即係利用雷射光束(laser beam)擊毀軍事衛星與遠中程飛彈的系統。

光電檢測融合電子技術、電機技術、力學技術、機械技術,若能廣泛應用於未來社會必能達到高度化的尖端科技。光電科技在過去一直被視為一種極高深的學問,但是曾幾何時,其應用的觸角已悄悄的伸向我們的日常生活,如表1-3所示雷射應用和相關科技之關係表(取材於行政院科技顧問組主編:光電科技㈥第7頁),給予讀者提供一個完整的概念,並對即將來臨的光電時代預做準備。

接著整理出如表1-4所示雷射特性及應用領域。如表1-5所示光電技術應用領域,大致可分為資訊關連光電技術及能源關連光電技術。如表1-6所示各種雷射的不同用途。

表 1-3　雷射應用和相關科技之關係表

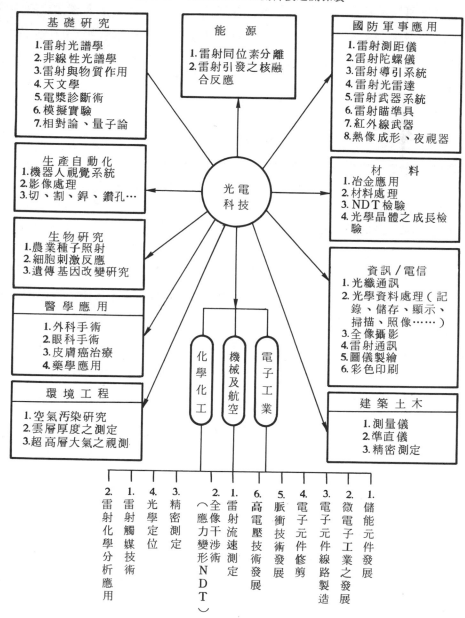

表 1-4 雷射光的特性及應用領域

應用領域＼雷射特性	相干性	單色性	指向性（方向性）	大強度	適用雷射
精密測定長度	○	○			氣 體
測定回轉角速度	○	○			氣 體
雷射通訊	○	○	○	○	氣 體
影 像	○	○			氣 體
雷射顯示器			○	○	氣 體
電漿測定	○	○			氣 體
拉曼分光		○		○	氣 體
高分解能分光	○	○			氣 體
散亂光測定		○		○	氣 體
測量應用			○	○	氣 體
雷射雷達			○	○	固 體
電漿發生				○	固 體
發光分光分析				○	固 體
非線型光學效果	○	○		○	固體、氣體
醫療方面應用			○	○	固體、氣體
加工、銲接、穿孔			○	○	固體、氣體

表 1-5 　光電技術應用領域

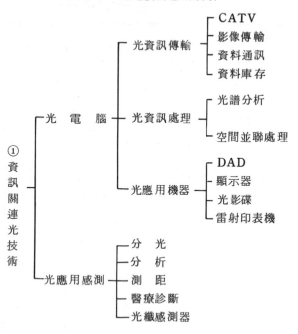

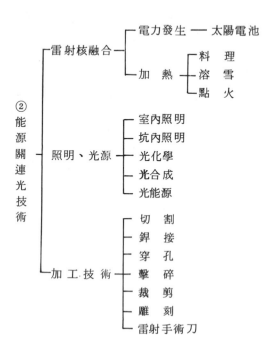

表1-6 各種雷射的不同用途

用途 種別	檢 測 用	加 工 用	能 源 用	醫 療 用	資 訊 通 訊	備考(用途目的)
He－Ne	● 長度、距離測定 ● 照準器 ● 都卜勒流速儀 ● 影像測定 ● 缺陷檢出	● 加工點目視探查器 ● 位置決定光束 ● alignment 光源	● 位置決定光束	● 眼底檢查	● 印表機 ● OCR ● POS ● 空中電搬通訊 ● 顯 像	● 小型價廉 ● 取攜簡單 ● 小功率光束
Ar⁺	● 影像測定 ● 都卜勒流速儀 ● 拉曼分光儀	● IC面罩加工 ● 雷射製版		● 皮膚治療	● 印表機 ● 光記憶 ● 顯 像	● 馬上可干涉性 ● 中功率光束
CO_2	● 都卜勒流速儀 ● NOx 之分析測定	● 各種材料之切割 ● 銲接、淬火處理 ● 陶瓷材之 scabing ● marking ● 非接觸加熱處理	● 核融合 ● 原子爐之廢棄處理	● 雷射手術刀		● 小～大功率光束 ● 高效率CW/PW控制安定 ● 紅外熱利用
Eximer (準分子)		● 微細化學加工 ● 氣體反應(化學工業) ● 微小孔加工	● 鈾濃縮分離 (Cu 蒸氣雷射正研究中)		● IC/LSI 之 Resography(曝光轉寫) ● 微細化學加工(submicro 加工) ● etching	● 光勵起化學反應應用機械設備新展開中 ● 小～中功率之脈波光束
YAG	● 雷射雷達	● 薄板材之切割 ● 微銲接 ● marking ● scrabing ● trimming		● 雷射手術刀	● IC/LSI 之 beat 救濟 ● high brid IC之 trim ● mask lipear ● laser liflow	● 小～中功率光束 ● PW/CW 控制安定 ● 紅外熱利用
(紅寶石)	● 測距離 ● 影 像	● 電漿檢測	● 電漿檢測	● 診 斷 ● core curetter .		● 大功率脈波(Q 開關)
玻 璃		● 微銲接	● 核融合			● 大功率脈波(Q 開關)

選擇光電檢測應用較廣的測長、測速、準直、測距、加工、通訊等技術，簡略概述如下：

1. 雷射測速

近二十年來發展的雷射測速科技，乃係利用雷射的都卜勒效應測量固體的速度、流體的流速或水流的速度分布等。

雷射測速儀與其他的測速儀相比，主要優點是它不與被測量物體接觸或不影響被測物體的運動，如此才能測出物體的眞實速度，且對被測物體沒有任何損傷。另外，雷射測速精度極高，它能對極小的區域進行測量，所以可執行精密量測。

現在的雷射測速儀既結實又易使用，並且發展神速，應用範圍日廣。

2. 雷射準直

雷射具有極好的方向性，因此可以連續輸出作粗細不變的雷射光束直線。利用它的光束作爲空間基準線用來作直線度、平面度、平行度、垂直度與三維空間的基準測量。雷射校正儀和經緯儀與一般的準直儀不同之處在於其測量精度高、操作方便、易自動控制等特性，應用於舖設管道、開鑿隧道、高樓大廈之建築、橋樑、開礦、沙漠中之土木工程與大型設備的安裝、定位等。

3. 雷射測距

科技的進步使得在精密機械、自動化加工甚至太空科技方面，測距問題均不能輕視。例如，軍事方面的炮位瞄準、飛機着陸、飛彈導向目標、建造大橋測量兩岸距離、地質探勘、山與山之間的距離量測及氣象工作時用來測定天空雲層的高度。

光電測距是較早被研究的一種物理測距方法，早先光電測距僅被應用於地面目標之間的距離量測，現在，雷射測距已成爲雷射應用中最主要、最活躍的研究領域並且已進入實用階段。

雷射測距儀具有能探測遠距離、測距精度高、抗干擾性強、保密性佳、體積小、重量輕、反覆頻率高之特性。近年來已成功應用在月球與人造衛星的測距，並逐漸應用在各種領域上。按測距長短可分爲三種類如下：

(1) 短程雷射測距儀，測程五公里以內，適用於各種工程測量。

(2) 中長程雷射測距儀，測距五公里到四十五公里，適用於地震預報、大地控制測量。

(3) 遠程雷射測距儀測距四十五公里以上，應用於飛彈導航、空間目標、月球、人造衛星的距離量測。

雷射測距儀可更進一步製成雷射雷達，不僅可測出目標的距離與目標的方位甚至加速度、運動速度均可測出，以便對目標進行跟踪。雷射雷達具有抗干擾性強、保密性能佳、裝備輕便、消耗功率小、測量精度高等特性。但是，它也受氣候影響及光束擴散角窄小等限制，不便於進行大面積的搜索。無法完全替代無線電雷達，但可以互相配合組成多波段、抗干擾的雷達系統。

4. 雷射加工

雷射的高方向性，能量聚集，可利用聚焦裝置使光斑點大小縮凝爲更高功率密度（w/cm^2）。足夠使光斑領域內的材料在短時間內達到熔化、氣化溫度。故可以雷射作爲熱源，對材料、金屬、非金屬進行熱加工，材料吸收光能，光能再轉變爲熱能。因應工程上不同的加工，分別採用固體雷射的 YAG 雷射加工、紅寶石雷射加工、氣體雷射的 CO_2 雷射加工、氬雷射加工等。又有表面熱處理、穿孔、切割、去除加工技術等應用。

雷射加工具有光斑點小、能量集中、對加工點位置以外的熱影響小，不接觸加工件、對材料不污染等特性，又可借助分光鏡分爲許多光束同時在不同地點加工，能穿過外殼對被密封的內部材料進行加工，而且加工精確度高又適用於自動化控制。

5. 雷射通訊

貝爾利用弧光燈作爲光源，用穩定的強光照射在話筒的薄膜上，完成光學電話的接收，但在光源、傳輸介質、檢測器等諸方面遭到困難，進展甚慢。自雷射問世後，由於雷射的某些特性，爲發展雷射通訊提供一個強有力的嶄新工具，使得古老的光通訊又獲得新生命，重新引起世人的重視與開發光纖 - 雷射通訊的興趣。

光纖－雷射通訊具有下列優點：

(1) 信息容量大，傳輸路數多。

(2) 方向性好，擴散角小，光能量集中，可傳輸較遠距離。光束很窄並用不可見光不易被人截獲，保密性強。

(3) 設備輕便，費用經濟。

目前，利用大容量的光纖通訊系統來建立廣泛通信網路在歐洲、美國、加拿大、日本都已建立光纖雷射通信系統與舖設海底光纜系統。

6. 光學全像

高度相干性雷射光源的製作與完善拍攝介質的使用，已使光學全像術發展成新興的科技，並應用在工業、國防、計算機技術與醫療方面。

西元 1948 年英國物理學家 Gabor 在研究電子顯微鏡的分辨率，克服電子透鏡所具有的像差過程中，提出干涉光源，採用拍攝與再現的全像術拍相法。

全像術技術在現代科技中應用的範圍很廣，有顯微術、干涉計量術、字符識別、信號儲存等應用。

習 題

1. 述論雷射光與普通光源有那些不同特性及應用？

2. LASER（雷射）之英文全名及中文之意？

3. 何者發明首台雷射及中英之名稱？

4. 述論雷射光產生過程，並繪圖說明誘發吸收、自發輻射及誘發輻射之不同過程？

5. 雷射可分為那些種類及應用範圍？

6. 雷射測距儀有那些特性？按測距長短可分那些種類？並舉例其應用範圍？

7. 雷射光纖通訊系統具有那些特性及優點？

8. 固體雷射與氣體雷射有那些不同特性？

9. 紅寶石雷射與釹雷射、釹玻璃雷射有那些不同特性？

10. 以誘發輻射的誘發吸收過程，試說明下列各項問題：

    (1)試繪圖說明雷射光如何產生？

    (2)試繪圖說明雷射光是連續光（CW）？

11. 雷射加工利用雷射光那些特性？試比較雷射加工與傳統加工有何不同特性及其應用？

12. He-Ne雷射與Ar$^+$雷射有何不同特性及其應用？

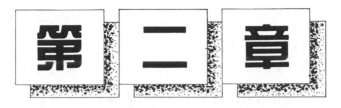

第二章

固態光譜及傳播現象

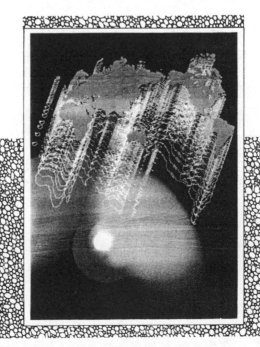

2-1 前 言

光電技術離不了雷射範圍，首先必要了解固態光譜之特性。因爲固態光學係爲原子、分子光譜學的引伸，並加以討論。關於這種討論，可分爲三個步驟：

(1) 假設一個輻射結構的模型。

(2) 導出（演算）和此種結構的能態，是否能夠一致的能態。

(3) 由各能態間變化躍遷特性，是否能夠取得光譜特性。

由此可知，分子、原子光譜學依照(1)～(3)步驟而導出固態光譜的方法。

爲了解固態光譜學，有兩個因素：

(1) 固態的電學、力學、熱學特性，可以了解其束縛力和結構理論。

(2) 固態中存在密集的大量發射或吸收中心中擴展的連續區組成的固態光譜。

事實上，以黑體輻射而言，這種光譜比自由電子和分子上結構，能態更複雜。

2-2 固態光譜的分類和一般性質

固態光譜是多樣性、複雜性，它比自由原子、分子更難瞭解其特性，也許受到輻射躍遷產生共振的、相應的連續譜，根據數種觀點來分類，規納爲三種主要分類，參照表2-1所示固態光譜分類。

表2-1中 $Q = \dfrac{\nu}{\Delta \nu_h}$ 及光電導、光電發射等特性，請參閱課外的雷射導論或光電子學之書籍。

固態光譜有些具有規則特性，有如光譜帶寬和溫度（T）相關性，一定的限定內，這一帶寬與 $\sqrt{T}$ 成正比，則與都卜勒展寬內溫度相關性。（註：對應兩個頻差確定都卜勒寬度：$\Delta \nu_h = 2\nu_d \sqrt{2 \ln 2 \left(\dfrac{kT}{MC^2} \right)}$。假若 $T = 0$ 時，$\Delta \nu_h$ 爲無義意，所以 $\sqrt{T}$ 定律對極低溫度是不成立的。除展寬外、譜線或譜帶

隨著溫度上昇而移動，壓力增加也會產生移動現象。

表 2-1　固態光譜分類

類　　別	類　　型	特　　　　性	光　譜　範　圍
第 一 類 等離子體振盪	電子等離子體振盪	光斑點	光譜帶
	晶體振動疊加於電子躍遷之上	譜線圖樣增加或重複	$Q \sim 10^4 - 10^5$ 可見區及紫外區
	自由電子振盪	高反射率	連續譜
	光學晶格振動	吸收、殘餘射線	$Q_{吸收} \sim 2 - 30$ $\nu \doteq \dfrac{1}{2\pi}\sqrt{\dfrac{G}{M}}$, $15 \sim 300\,\mu$
第 二 類 局部態之間的躍遷	離子晶體的電子誘發	基本吸收帶	紫外區寬 20 - 50 Å 譜帶
	色心吸收	吸收帶（晶體上塗色）	F 心在可見區 V 心在紫外區
	有機分子的電子光譜	吸　　收	$10 - 100\ cm^{-1}$ 寬的紫外吸收帶（$Q \sim 3 \times 10^2 - 3 \times 10^3$）
第 三 類 非局部態之間的躍遷	能帶 - 能帶間的躍遷	光電導，複合輻射，吸收（$k = 10^4 - 10^6$ cm^{-1}）	$h\nu \gg E_g$ 連續吸收帶
	自由載流子躍遷	弱吸收	連續譜
	雜質⇌能帶吸收	弱吸收區的光電導	$h\nu \gg E_g$ 連續譜
	雜質⇌能帶發射	發光和螢光	連續譜

2-2-1　等離子體振盪

　　等離子體振盪係指固體中多電荷、電子、離子的週期性運動。如表2-2中可分為電子等離子體振盪、晶體振動疊加於電子躍遷之上、自由電子振盪及光學晶格振動等。

表 2-2　光學晶格振盪、電子等離子體振盪及自由電子振盪之特性

光 學 晶 格 振 盪	電子等離子體振盪	自 由 電 子 振 盪
離子振盪引起偶極矩的變化，主要是與吸收相關性的反射。	正離子位置是上彈性地束縛着電子，能夠以類似負離子振動的方式作相干的振盪。	半導體中的自由載流子吸收，即指大量的電子和空穴一致對入射電磁波作出反應。

2-2-2　局部態之間的躍遷

　　光學中心的能量單個發生變化，而且限制於本身的位形空間內，也會影響光譜帶寬帶的限制，因此減弱或不起作用於整個晶格引起的展寬效應，受到某些因素，第二類光譜多少有點類似氣體中的自由原子光譜。

2-2-3　非局部態之間的躍遷

　　固態光譜的第三類，係指電子或空穴改變其位置，從一個離子或原子移到另一個離子或原子，同時改變其能量，由此可知金屬光學可作為非局部態來研究。

2-3　傳播現象

　　輻射和物質的相互作用會影響傳播特性。一般而言，電磁能量通過固體、氣體、液體時，則輻射強度、波長、傳播方向和振動平面也受到一種或多種傳播現象之影響。傳播現象是物理光學、幾何光學及光電檢測的電磁波、電場、電磁場的基本課程。如圖 2-1、圖 2-2、圖 2-3、圖 2-4 所示。

　　反射現象係指入射線與反射線各在法線一側，且三線同在一平面上，則反射角（Q_r）等於入射角（Q_i），如圖 2-1 所示。反射在光學上不同的兩個介質，其分界面上輻射的反射，係由反射過程中，全部入射輻射束反射回原來的介質。

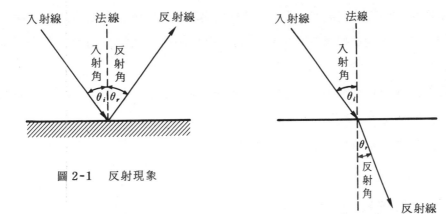

圖 2-1　反射現象

圖 2-2　折射現象

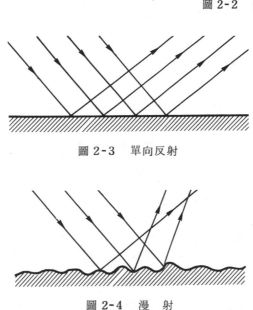

圖 2-3　單向反射

圖 2-4　漫　射

　　如圖2-2所示，折射在光學上，不同的兩個介質，其分界面上輻射的折射，係由折射過程中，使光束的方向受到不連續的改變方向，則偏折的大小與兩種介質中傳播速度成正比例。而且傳播速度和偏折大小是指波長的函數（色散）。

　　如圖2-4所示，漫射現象係指入射平行光遇到粗糙面，其反射光不平行的現象。

吸收現象係指能使光束在吸收介質中傳播時，光束的強度愈來愈減弱。由此可知，將輻射能量**轉變**爲熱，也可能**轉變**爲不同波長的輻射或者電子能量的系統。

散射現象係指無規則分布的粒子對輻射的散射，這種相互作用使入射輻射分散，但它不**變換**其能量或改變其頻率。

偏振現象係指改變或影響電場和磁場的方向。將在 2-3-2 節中光的傳播再述論。

2-3-1 傳播現象和相干性

普通光源或熱輻射體發生的光線，光線之間相干性是部分的，由於兩個因素：

(1) 光源有一定的大小。

(2) 譜線寬度不是無限窄的。

受到兩個因素影響，必由所謂的相干度而分析，利用干涉條紋的可見度來確定干涉圖案中有明亮帶、暗區帶的相對亮度差。相干度可分爲相對於時間，相對於空間而言，如果想更進一步瞭解時間相干性、空間相干性、互相干函數及條紋可見度等，請參閱雷射導論書籍。

2-3-2 光的傳播

光具有波動性、粒子性之特性，第一特性係指光是電磁波具有波動的特性，它的頻率、波長都是固定的。第二特性係指光具有光子流，其光子本身具有一定的能量和動量的物質粒子。由上述之特性而知，光具有波動性、粒子性，而且同時存在的特性。按照一般而論，光在傳播過程中的繞射現象或干涉現象，其波動特性較爲清晰，由無數的光波組成的干涉現象。另一種現象係由光的吸收、放射、光電效應情況之下，光與實物互相作用，其粒子特性較爲清晰，由無數的光子組成的光子流現象。

光波是一種電磁波，靠着電磁場在空間中傳播，若以光的現象，可用電磁

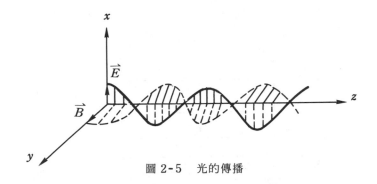

圖 2-5　光的傳播

波理論及量子論爲依據，按其電磁波理論述論光的傳播現象；而且量子論述論光與物質的交互作用，如圖2-5所示，光波係指電場向量$\vec{E}$的振動與傳播，亦爲磁場向量$\vec{B}$的振動與傳播。若在均勻介質中，電場向量的振動方向與磁場的振動方向會產生互相垂直現象，$\vec{E}$與$\vec{B}$均垂直於光的傳播方向。由此可知，電場向量振動方向和傳播方向會互相垂直，則光波又稱爲橫波或稱TEM_{00}橫向電磁波。

　　由圖2-5所示，光波的電場方向爲光的偏振方向；假設光波沿着z軸方向傳播時，光的振動方向必會與z軸垂直的xy軸平面上，由此可知電場方向（$\vec{E}$）的振動方向必在於xy軸平面內的任意一個方向，這種光方向垂直於傳播方向，僅沿着一個固定方向振動的光稱謂線偏振光。線偏振的電場方向係爲固定，它並不隨着時間而改變，但是電場的大小與正負現象隨着時間而改變。按照普通光源所發的光是一種自然光，其電場方向（$\vec{E}$）之振動方向都在xy軸平面內，則發自不同的方位，這種的光，稱爲自然光。

　　電磁波係由電荷加速運動所產生的現象，其波長的範圍非常寬，乃由交流電至宇宙線，如圖2-6所示。按其頻率大小而瞭解光譜的範圍在於紅外光至紫外光之間。一般的雷射光波長範圍在0.3毫米至355 $\overset{\circ}{A}$之間。但是人的眼睛所看到0.7 μm（紅色）至0.4 μm（紫色）之光波長。參照第一章的1-6雷射種類內雷射線光譜之圖。

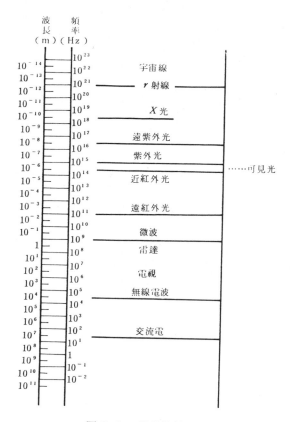

圖 2-6　電磁波的頻譜

2-3-3　光波的關係式

　　光在真空中傳播時，其速度為一定值，則光速 $C \doteq 2.998 \times 10^8$（m/s）$\doteq 3 \times 10^8$（m/s），由此可知電磁波在真空中時，其傳播的速度 C 亦為 3×10^8（m/s）之值。

　　光的頻率係指光的方向，在每秒中的振動次數，則光的頻率（ν）與光振動的週期（T）之關係式：

$$T = \frac{1}{\nu}$$

$$\nu = \frac{1}{T} \quad \cdots\cdots\cdots\cdots\cdots\cdots\cdots\cdots\cdots\cdots\cdots\cdots\cdots\cdots\cdots\cdots(1)$$

由於各種不同頻率的光在眞空中時，其傳播的速度，眞空中的光速、頻率及波長之關係式：

$$c = \lambda\nu \quad \cdots\cdots\cdots\cdots\cdots\cdots\cdots\cdots\cdots\cdots\cdots\cdots\cdots\cdots\cdots(2)$$

　c：光速

　λ：眞空中的波長

　ν：光子的頻率

若以電磁波傳播的速度與場的振盪頻率、波長之關係式：

$$v = \lambda\nu \quad \cdots\cdots\cdots\cdots\cdots\cdots\cdots\cdots\cdots\cdots\cdots\cdots\cdots\cdots\cdots(3)$$

　v：電磁波傳播的速度

　λ：波長

　ν：場的振盪頻率

若以基礎光學實驗中，光在各種介質中傳播之下，則頻率不變，傳播速度 v 隨着改變，則介質中的光速關係式：

$$v = \frac{c}{n} \quad \cdots\cdots\cdots\cdots\cdots\cdots\cdots\cdots\cdots\cdots\cdots\cdots\cdots\cdots(4)$$

　c：光速

　v：介質中的光速

　n：折射率

但是，$n = \dfrac{c}{v}$，係指光速對介質中的速度之比率，則各種介質的折射率 $n \gg 1$。

例1 若以一個紅寶石晶體的平均折射率 $n = 1.76$，真空中 $\lambda_0 = 0.6943$ μm 的紅光射入，試求在晶體中的光速之值？並求紅寶石晶體中的波長之值？

解
$$v = \frac{c}{n} = \frac{3 \times 10^8}{1.76} = 1.7045 \times 10^8 \quad (\text{m/s})$$

$$\lambda = \frac{\lambda_0}{n} = \frac{0.6943 \,\mu\text{m}}{1.76} = \frac{6943 \,\overset{\circ}{\text{A}}}{1.76}$$

$$= 3943 \,(\overset{\circ}{\text{A}})$$

$$= 0.3943 \,(\mu\text{m})$$

2-3-4 光與物質的相互作用

光和物質的相互作用，亦可言電磁波和物質的相互作用，產生原子對光的自發輻射（自發發射、自然放出）或誘發吸收現象，此時光的粒子特性較易清晰。一般的電學或電磁波都以能階而述論；若一個光子在真空中的能量、動量與光波的頻率、波長之關係式：

$$\Delta E = E_2 - E_1 = h\nu_{21} \quad \cdots\cdots\cdots\cdots\cdots\cdots\cdots\cdots\cdots(5)$$

$$P = \frac{h\nu}{c} = \frac{h}{\lambda_0} \quad \cdots\cdots\cdots\cdots\cdots\cdots\cdots\cdots\cdots\cdots(6)$$

ΔE：輻射出的光子能量

P：輻射出的光子動量

ν：光波的頻率（Hz）

λ_0：波長

h：普朗克常數（6.626196×10^{-34} J.S $= 6.626196 \times 10^{-27}$ erg・s）

由公式而知，光子動量 P 之方向為向量，其方向為光子運動的方向，亦稱為光的傳播方向。

　　上述及第一章的 1-5 節雷射原理述論，光是由極多的光子組成光子流，則光的能量等於光子能量的總和。若光與物質的原子、分子交換能量時，光子將被原子吸收或自然放出。此種現象可分為自發輻射、誘發吸收及誘發輻射等三種相互作用的方式（參照第一章的 1-5 節雷射原理的圖 1-1、圖 1-2、圖 1-3 之過程）。

　　再由關係式而知，光的頻率與光子能量成正比，光的頻率越高，則光子能量也越大。參照電磁波頻譜，則可看出紅外光與可見光相比情形，頻率較低，它的光子能量亦較小。例如頻譜圖所示，x 光、伽瑪射線（r 射線）、宇宙線的頻率極高，則光子能量亦極大。

習　題

1. 試論固態光譜有那些分類及特性。

2. 試比較散射現象與漫射現象？並舉例？

3. 述論光的反射現象與折射現象？並舉例？

4. 試繪圖說明線偏振光之現象？

5. 試說明早晨隔着油條之油鍋上看對方人物為何呈現飄浮不定？

6. 一光線自折射率為 $\dfrac{7}{4}$ 的介質中，$60°$ 角入射到另一介質中，此時反射線與折射線之夾角為 $90°$，試求該介質的折射率之值？

7. 假若以一個紅寶石晶體的平均折射率為 1.76，則真空中 λ_0 為 $4880\,\overset{\circ}{A}$ 的綠色光射入，試求在晶體中的光速之值？試求紅寶石晶體中的波長之值？

8. 彩虹產生的現象，試說明其原由？

9. 夕陽西下，為何彩霞是橘紅色又大的美麗現象，為何？

10. 已知 He-Ne 雷射的波長是 582 毫微米，穿過一折射率為 1.52 之玻璃窗，

試求光在玻璃中之速度及波長？

11. 光線由真空射入某介質，其折射率為$\sqrt{3}$時，假設反射光線和折射光線互相垂直時，試求入射光為多少度？

12. 若一光線自折射率為$\frac{3}{2}$的介質中，60°角入射到另一介質中時，折射線與反射線之夾角為90°角，試求該介質的折射率為多少？

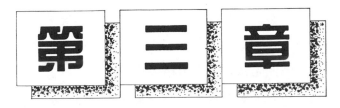

雷射管光源與電學特性

3-1　前　言

　　著者於日本研究專攻雷射、放電、高壓製作與檢測應用，將其電學、電路設計簡略概述。尤其製造設計光學諧振腔（或稱雷射管光源、光腔），必要瞭解高壓、放電系統及幾何結構的腔管、腔長特性，還有電路設計系統，並且檢測光束的擴散角大小、光強度、輸出功率等特性。

　　目前，氣體雷射管光源中被應用最多光電管，則以脈波氙燈。脈波氙燈係指將電能轉換為輻射能的電路系統。這種設計電路系統，請參考電路學的RC、RL、RCL電路為主。由電路中電容元件儲存的能量，能夠在極短的時間內通過光電管，利用活性介質的氣體放電型式釋放，燈管內放射出極高的溫度（約有～10^4度K）等離子體，然而產生高度亮度的輻射，以誘發活性介質。雷射脈波氙燈的放電型式不同因素，光電管也會產生不同輻射性質。所以，研究開發或製作雷射管光源，首先要瞭解如何控制光泵光源的輻射、放電性質，藉此章節來討論研究電學電路設計、光學諧振腔、雷射模態等特性。

3-2　脈波放電過程

　　如圖3-1所示脈波燈的電路，脈波氙燈係經由不同穩定的氣體放電過程中

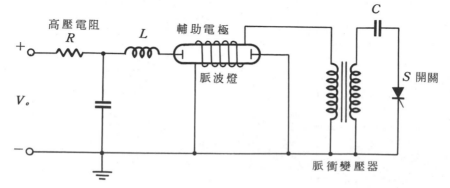

圖3-1　脈波燈的電路

產生放電過程，它的放電過程隨着時間而變化性質。利用直流電源輸入，經由充電電阻能使電容器充電達到一定的電壓V_0，然後，輔助電極或稱觸發線圈受到數萬伏特高壓而且能觸發光腔管內的活性介質，產生電漿，亦是觸發脈波現象，即使燈管內的氣體受到預電離衝擊，由於電子和離子對氣體的碰撞電離及光電離等過程，係稱爲氣體放電雪崩過程，則燈管內放電通道的電流急速增加，同時電容器儲存的能量通過預電離火花放電通道瞬間釋放，則火花通道內的放電焦耳熱，能夠急速加熱氣體，產生脈波激發放電火花通道快速擴張，它的擴張速度與放電型式息息相關。當輸入能量達到一定數值時，能量充滿整個光腔燈管內的通道，乃是火花放電擴張的過程。

　　火花放電擴張到一定的程度，燈管內放電通道的電功率增強，燈管內氣體的溫度及電離度隨着增強，同時氣體對電子散射的總截面積增大，可是電場強度將會降低其強度。由於燈管內火花放電過程中，放電電流產生的電功率，也會受到周圍空間的熱傳導、衝擊波及輻射等因素的影響，它的放電的電功率將受到損失，以達到放電間離子體溫度的平衡，這種過程與電壓或放電的電弧放電曲線特性完全相類似現象。如果想更進一步瞭解高壓、氣體、固體放電特性，請參考高壓、放電工學書籍。

　　電弧放電的穩定特性，它的燈管內電阻值爲常數，亦稱爲穩定性的電阻值，其電阻值爲 $\dfrac{dv}{di}$。如果 $\dfrac{dv}{di}$ 之值必要大於零，則被稱爲正電阻特性。因此上述的穩定特性關係，電容器儲存能量在持續時間較長之內，即可將電能轉換爲輻射能，此過程係爲脈波放電產生過程。接着言其脈波放電消失的過程，輸入功率無法克服高溫等離子體的輻射和熱傳導、衝擊波之損失，則放電等離子體無形中逐漸地冷却，燈管的電阻也隨着增加，若電阻增加時，電容器放電電路供應燈管的電功率將產生不足現象，也就是無法維持放電時，放電現象相形地消失。

3-3 檢測脈波氙燈與電學特性

由圖3-1所示，燈管兩端的電壓降V，流經燈管的電流I，電流密度J，電阻率ρ，電阻R，電容C，電感L與時間函數有密切地關係，但是在基本電學的V和I隨着時間而變化，如果檢測燈管內的電壓降V與燈管內的電流（I），即可瞭解燈的電學特性。

雷射管光腔、脈波氙燈之設計，可由檢測電壓、檢測電流、脈波燈的伏-安特性及電容放電電路、LC放電電路分析其電學特性，則對雷射管設計時有極大的幫助。

3-3-1 檢測電壓

如圖3-2所示檢測電壓方法，圖3-2的右邊電路使用分壓器，其分壓器由高電阻（R_h）和電阻（R）組成的分壓器，此分壓器並聯燈管內的二個電極，可由接地端取得電壓降的電壓信號。

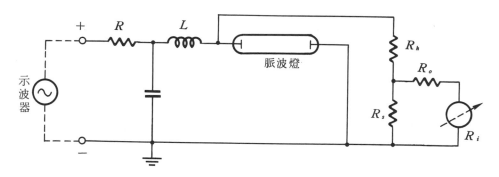

圖3-2 檢測電壓電路

3-3-2 檢測電流

如圖3-3所示檢測電流方法，氙燈管內放電電流在數千安培至數萬安培時，一般在放電電路中，接地端串聯低電感的電阻R_s，即可檢測燈管內之電流。

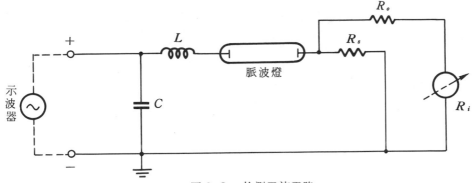

圖 3-3 檢測電流電路

3-3-3 脈波燈的伏—安特性

使用雙線電子示波器拍攝脈波燈放電特性。由放電特性曲線上顯示電壓與電流隨着時間而變化。亦可將電壓信號輸入電子示波器的 x 軸上，電流信號輸入電子示波器的 y 軸上，最後可取得脈波放電過程的伏 - 安特性。如果想深入瞭解固體、氣體、液體放電特性曲線，請參考高壓、放電工學書籍。

3-3-4 檢測電容放電電路

如圖3-4所示檢測電容放電電路方法，依照基本電學、電路學而言，若設燈管作為固定電阻 R，則此電路圖之放電電路的方程式：

$$V_o = Ri(t) + \frac{1}{C}\int_0^t i(t)\,dt \quad \cdots\cdots\cdots\cdots\cdots\cdots\cdots\cdots\cdots\cdots(1)$$

此式中 V_o：充電電壓

$\quad\quad\quad R$：燈管為固定電阻

$\quad\quad\quad C$：電容器儲存能量之電容量

若由(1)式中解出電流 $i(t)$

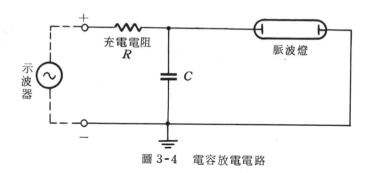

圖 3-4 電容放電電路

$$i(t) = \frac{V_o}{R} e^{-\frac{t}{RC}} \quad \cdots\cdots\cdots\cdots\cdots\cdots\cdots(2)$$

若在電阻 R 上消耗其功率：

$$P(t) = Ri^2(t) = \left(\frac{V_o^2}{R}\right) e^{-2\frac{t}{RC}} \quad \cdots\cdots\cdots\cdots\cdots(3)$$

再由基本電學與放電持續時間（T_i）、功率持續時間（T_p）之關係式：

$$T_i = RC \quad \cdots\cdots\cdots\cdots\cdots\cdots\cdots\cdots\cdots\cdots\cdots(4)$$

$$T_p = \frac{1}{2} RC \quad \cdots\cdots\cdots\cdots\cdots\cdots\cdots\cdots\cdots\cdots(5)$$

上述的(1)～(5)式，係為電容器與固定電阻放電的關係式。

3-3-5　檢測LC放電電路

　　如圖3-5所示檢測 LC 放電電路方法，來比較圖3-4與圖3-5之特性，因為圖3-4電路接法較簡單，而且無法在負載功率較大下放電，容易造成破壞燈管。圖3-5串聯電感 L，組成 LC 放電電路來改善圖3-4電容放電電路之缺點，更能增加燈管的壽命。

　　假若由電路學或電機機械、自動控制之基本理論上而知其 RLC 放電電路

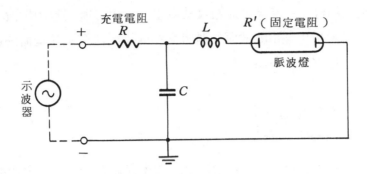

充電電阻
R
L　*R′*（固定電阻）
脈波燈
示波器
C
+
−

圖 3-5　*LC* 放電電路

特性，可分爲欠阻尼、臨界阻尼及過阻尼特性。(6)～(8)式相關方程式：

(1)　$R \ll 2\sqrt{\dfrac{L}{C}}$

$$i(t) = \frac{V_o}{(\sqrt{U})(L)} e^{-\frac{Rt}{2L}} \cdot \sin(\sqrt{U} \cdot t) \quad\cdots\cdots\cdots\cdots(6)$$

(2)　$R = 2\sqrt{\dfrac{L}{C}}$

$$i(t) = \frac{V_o}{L} e^{\frac{Rt}{2L}} \cdot t \quad\cdots\cdots\cdots\cdots\cdots\cdots\cdots\cdots\cdots\cdots\cdots\cdots(7)$$

(3)　$R \gg 2\sqrt{\dfrac{L}{C}}$

$$i(t) = \frac{V_o}{(\sqrt{-U})(L)} \cdot e^{-\frac{Rt}{2L}} \cdot \sin(\sqrt{-U} \cdot t) \quad\cdots\cdots\cdots\cdots(8)$$

但是　$U = \dfrac{1}{LC} - \dfrac{R^2}{4L^2}$

由(6)式而知欠阻尼場合，電流發生振盪現象不適合脈波氙燈之放電現象。由(7)

式而知臨界阻尼場合，電能集中通過負載電阻，經由負載電阻中釋放，且較適合脈波氙燈之放電現象。由(8)式而知過阻尼場合，電流峯值較低而延續時間較長不適合脈波氙燈之放電現象。

3-4 光學諧振腔

光學諧振腔簡稱爲光腔，其功用係指限制光能留在光腔內，而產生共振現象，造成往返來回地經過活性介質，能使光放大達至臨界值狀態之下，便能產生雷射光束。由此功用而知光學諧振腔構成雷射的重要部分系統之一，它對輸出雷射譜線的頻率、寬度及輸出功率、光束的擴散角都產生極大的影響。因爲影響因素非常大，所以必須研究光學諧振腔，更要通盤瞭解它的特性，以利於對雷射管上設計，使輸出功率，輸出光束能夠穩定，正確地適合於應用之要求。

光學諧振腔依據幾何光學而言，主要以全反射鏡或半反射鏡、凸凹曲面、平面之組裝，按其設計上考慮雷射光束能否穩定或適合於活性介質。

一般常被設計使用的光學諧振腔，可分爲如下的幾種振盪型式。

3-4-1 共焦光腔

共焦光腔亦稱共焦式光腔，其光束在中央聚焦成一點，具有極小的光斑點。如圖3-6所示，一個腔鏡的曲率中心正恰在另一個腔鏡面上，由腔鏡面上 A

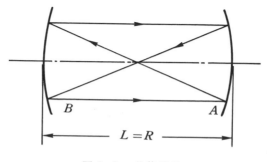

圖 3-6 共焦光腔

任何一點發出的光線，則被腔鏡面上 B 反射回來，其成像還是在 A 面上。同樣地，腔鏡面上 B 任何一點發出的光線，也被腔鏡面 A 反射回來，其成像也還是在 B 面上。腔鏡面 A 與腔鏡面 B 的曲率半徑均為 R_1、R_2，則等於腔長 L。由此可知，$R_1 = R_2 = L = 2f$ 之關係。

3-4-2　共心光腔

共心光腔亦稱共心球面鏡式光腔，其光束穩定性較差。如圖 3-7 所示，腔鏡的兩個球面共心，通過球心的光束經腔鏡面反射後，則光束仍然通過球面的球心。腔鏡面 A 與腔鏡面 B 的曲率半徑均為 R_1、R_2，則等於腔長 L 的一半。由此可知，$R_1 = R_2 = \dfrac{L}{2}$ 之關係。

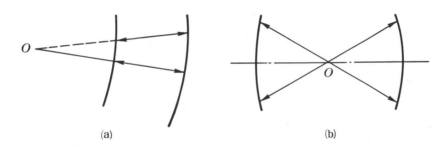

(a)　　　　　　　　　　　　　(b)

圖 3-7　共心光腔

3-4-3　球面光腔

如圖 3-8 所示，腔鏡面 A 與 B 面距離之 L 位置移到 L' 的位置，係由 B 面發出的光線經由 A 面、B 面鏡時，A 面鏡三次反射後，仍在 B 面鏡成像，其實應用(1)共焦光腔的幾何光學結構。由(a)、(b)、(c)圖而示，則(b)、(c)圖為低損耗光腔，亦可稱謂低損耗球面光腔或穩定光腔，其特性為擴散角較小。

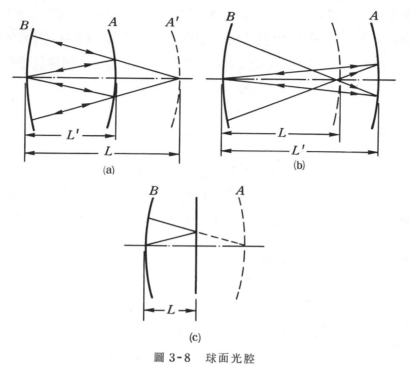

圖 3-8　球面光腔

3-4-4　平面平行光腔

　　平面平行光腔亦稱平行平面鏡式光腔，如圖 3-9 所示，球面退化為平面，則球心移到無窮遠的球面腔。此種幾何結構非常不穩定，光束容易偏差逸出光腔，必會造成極大的損失。

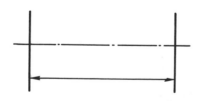

圖 3-9　平面平行光腔

3-4-5　高損耗光腔

　　高損耗光腔亦稱非穩定光腔，如圖3-10所示，擴散角較大，其特點係指存在着固有的光能量會橫向逸出損失，這種幾何光學結構的光腔稱為高損耗光腔。一般的設計被實際應用有虛共焦望遠鏡型高損耗光腔、平凸型高損耗光腔及雙凸型高損耗光腔等三種型式。

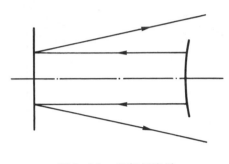

圖 3-10　高損耗光腔

3-4-6　折疊光腔

　　如圖3-11所示，使用三個或更多個反射鏡構成的幾何光學，其光學諧振腔稱為折疊光腔。它具有光線可在其中往覆多次反射而且光束不逸出光腔外之特性。一般的雷射管設計大都使用折疊光腔較多，還具有充分利用活性介質，更能取得較大的激活區域及較高的輸出功率等特性。

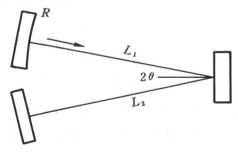

圖 3-11　折疊光腔

3-4-7 環型光腔

如圖3-12所示，係由多邊型振盪回路的諧振腔，稱爲環型光腔。它具有提高單縱模的振盪功率之特性，還能滿足一定的幾何參數時，光線可在其中環繞多次而不逸出光腔外，也可稱爲穩定的環型光腔。

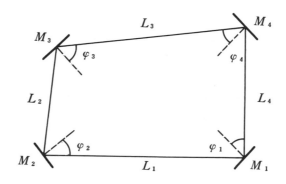

圖3-12　環形光腔

3-5 雷射模態

光學諧振腔直接影響雷射模態，但是雷射模態會影響光斑點大小、單色性、擴散角與最大輸出功率之因素。光學諧振腔有兩種振盪方式，第一種橫向模態會影響擴散角的大小，光斑點大小及最大輸出功率。第二種縱向模態會影響單色性。

3-5-1 橫向模態

雷射的輸出光束，不一定都是基模輸出，也許是高能態橫模，由於高能態橫模的光強度分布較不均勻，光束擴散角較大，則輸出功率也較大，所以不適合於使用之要求。例如雷射測長、測距、穿孔、雷射雷達應用技術特別要求雷射光的強度分布、擴散角小的條件，否則無法應用。

由於基橫模的強度分布較均勻，光束的擴散角較小。繞射損失隨着模式的能態次而改變，則TEM₀₀模態之繞射損失最小。特此介紹幾種簡單的選擇模態之方法：

(1)　正確選擇光腔的幾何光學結構型式。

(2)　共心光腔（或稱共心球面鏡式光腔）內加上光欄裝置。

(3)　減少光腔的 m 序、n 序的費密特多項式（Hermite Polynominals）。

(4)　調整反射鏡。

橫向模態以TEM$_{m.n.p}$ 表示，TEM以英文全名爲Transverse Electromagnetic wave，係指橫向電磁波的縮寫，也就討論電磁在空間位置的分布。m.n.p 表示節點數或稱模序。一般的雷射通常呈現爲窄寬光束型式，它的能量集中在傳播軸線附近的範圍內。它與充滿整個空間的平面電磁波不同，如果嚴格地而言，雷射光束不是純粹的橫向電磁波，但是光束的橫向空間範圍較波長小的多，而且電場的縱向分量可忽略不計，仍可近似地認爲橫向電磁波，所以雷射光束通常以TEM$_{m.n.p}$ 來表示，一般以TEM$_{m.n.}$ 表示，則TEM₀₀爲最低序模態。假若以花瓣或圖樣表示可分爲直角座標及圓柱座標，它能表示光強度對空間位置分布之情形，則知模態序數愈高，光斑點愈大。TEM₀₀爲最低序模態，它的光強度爲高斯分布，以致TEM₀₀光束亦稱爲高斯光束（Gaussian Beam），它具有傳播中恒常爲高斯光束及擴散角爲最小值之特性。

　　假若以製造雷射實驗所拍攝照片及基模態、低能態模態的電場分布 U ，光強度分布 U^2 ，則以花瓣圖樣來表示。

1. TEM₀₀模態（ TEM$_{m.n}$: $m=0$, $n=0$ ）

　　係由最低能態費密特多項式來表示電場之基模態。

$$U_{00}(x,y) = C_{00} \, \mathrm{Exp}\left[-\pi(x^2+y^2)/d\lambda\right] \quad \cdots\cdots\cdots\cdots\cdots\cdots(9)$$

$$U_{m.n}(x,y) = C_{m.n} \, H_m\left[\left(\frac{2\pi}{d\lambda}\right)^{\frac{1}{2}} \cdot x\right] H_n\left[\left(\frac{2\pi}{d\lambda}\right)^{\frac{1}{2}}\right]$$

$$\mathrm{Exp}\left[-\left(\frac{\pi}{d\lambda}\right)(x^2+y^2)\right] \quad \cdots\cdots\cdots\cdots\cdots(10)$$

$C_{m.n}$：雷射光束確定的常數 。

$H_{m.n}$：共焦光腔場的橫向模態之指數 。

若以 x 、 y 方向恒為高斯分布如圖 3-13 所示，圖中僅示出 x 方向之變化 。

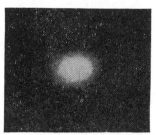

TEM₀₀ 強 度

圖 3-13　高斯分布之橫模強度

若以 TEM$_{m.n.p}$ 表示直角座標，則以花瓣圖樣表示，m . n . p 代表 x 、 y 、 z 軸方向恒為高斯分布如圖 3-14 所示 。TEM₀₀以圖示序模態花瓣圖樣 。

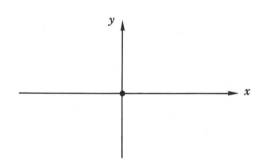

圖 3-14　直角座標之花瓣圖樣

2. TEM₁₀ 模態（ TEM$_{m.n}$ ：$m = 1$ ，$n = 0$ ）

$$U_{10}(x , y) = C_{10} H_1 \left(\frac{\sqrt{2}}{w_s} x \right) \mathrm{Exp} \left[-\pi (x^2 + y^2)/d\lambda \right] \cdots (11)$$

沿着 y 方向電場的變化，仍為高斯函數，而且沿 x 方向變化，如圖 3-15 所示，係指反射鏡上形成的強度花瓣圖樣，則知 $x = 0$ 處有一條節點數 。

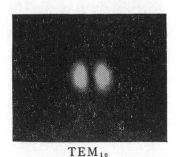

TEM₁₀

強　度

圖 3-15　高斯分布之橫模強度

$H_1\left(\dfrac{\sqrt{2}}{w_s}\right)$ 係指一階費密特多項式。

　　若以 TEM₁₀ 以圖 3-16 所示序模態花瓣圖樣。

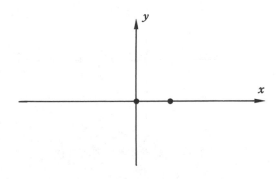

圖 3-16　直角座標之花瓣圖樣

3.　TEM₂₀ 模態（TEM₂₀：$m=2$，$n=0$）

$$U_{20}(x,y)=C_{20}\,H_2\left(\frac{\sqrt{2}}{w_s}x\right)\,\mathrm{Exp}\left[-\pi(x^2+y^2)/d\lambda\right]\cdots(12)$$

　　由於 $m=2$ 時，模態花瓣圖樣在 x 方向上呈出現兩條節點數。$H_2\left(\dfrac{\sqrt{2}}{w_s}\right)$ 係指二階費密特多項式，如圖 3-17 所示。

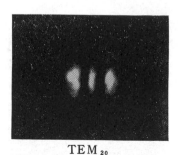

TEM₂₀

強　度

圖 3-17　高斯分布之橫模強度

若以 TEM₂₀ 以圖 3-18 所示序模態花瓣圖樣。

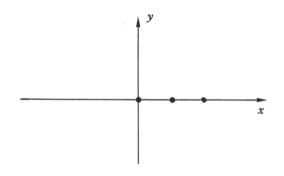

圖 3-18　直角座標之花瓣圖樣

　　經由上述照片所示幾個不同模向模態強度花瓣圖樣，光場強度係由振幅平方而確定的，振幅為

$$U_{m,n}(x,y) = C_{m,n} \, H_m\left[\left(\frac{2\pi}{d\lambda}\right)^{\frac{1}{2}} \cdot x\right] \cdot H_n\left[\left(\frac{2\pi}{d\lambda}\right)^{\frac{1}{2}} \cdot y\right]$$

$$\mathrm{Exp}\left[-(\pi/d\lambda)(x^2+y^2)\right] \quad \cdots\cdots\cdots\cdots(13)$$

由費密特多項式和高斯函數之乘積而描述。針對於 TEM$_{m,n}$ 模態，在 x、y 方向分別出現 m 和 n 條節點數。因此整個強度花瓣圖樣分裂為（$m+1$）、（n ＋1）個花瓣圖樣，並且隨著模序指數增大，則整個強度花瓣圖樣的範圍逐漸擴大。

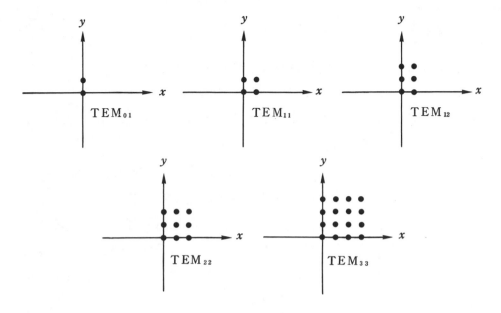

圖 3-19　直角座標之花瓣圖樣

　　若以 TEM_{01}、TEM_{11}、TEM_{12}、TEM_{22}、TEM_{33} 以圖 3-19 所示序模態花瓣圖樣。

3-5-2　縱向模態

　　大面積的全像術照相、精密測長是要求雷射光束爲橫向單模態，特別嚴格地要求雷射光束僅存在一個縱向模態（振盪頻率），能夠檢測干涉長度，方可獲得更清晰的干涉條紋。由於雷射管之光腔較長，將會產生幾個縱模振盪因素，所以設計單縱模雷射管時，必要考慮到雷射管的長度。縱向模態數愈少，單色性愈佳。

　　最簡單的縱模選擇方法就是縮短光腔的長度，便使兩個縱模的頻率差：

$$\Delta \nu = \frac{C}{2nL}$$

而且，它的缺點是指光腔太短時，則輸出功率較低。

習 題

1. 述論脈波放電過程之穩定性及脈波放電消失之過程？

2. 述論脈波氙燈與電學特性，並且分析檢測電學特性？

3. 述導演檢測電容放電電路之充電電壓 V_o 與電阻之消耗功率、放電持續時間、功率持續時間之關係式？

4. 述論欠阻尼、臨界阻尼、過阻尼對脈波氙燈之放電現象有何影響？

5. 試比較檢測電容放電電路與檢測 LC 放電電路之特性？

6. 雷射管的光學諧振腔具有那些功能？其對雷射輸出有那些影響因素？

7. 雷射管的光學諧振腔之設計，常被使用的光學諧振腔有那幾種振盪型式？

8. 雷射管的橫向模態以 $TEM_{m.n.p}$ 表示，試寫出 TEM 之英文全名、中文之意？而且 m、n、p 又表示什麼？如果 TEM_{00}、TEM_{11}、TEM_{21}、TEM_{33}，試繪出直角座標之花瓣圖樣？

9. 縱向模態具有那些特性？並且有那些劣點？

10. 橫向模態與縱向模態會影響雷射光那些因素？

11. 欠阻尼、臨界阻尼、過阻尼會影響雷射光那些因素？

12. 單位模態能使雷射光在空間上具有凝聚性，為何？

13. 光學諧振腔設計上可分那些系統？應注意那些因素，才會使雷射光穩定？

14. 磁場和電磁有何不同特性？

第四章

雷射檢測基本型式與環境公害物質檢測

4-1 前 言

1954年美國的Gordon，Zeigger，Townes 利用微波放大器研究尿素的分子線來分析物質內分子構成特性，那就是「maser」（Micro-wave Amplification by Stimulated Emission of Radiation）實驗，開拓量子電子的領域及光電檢測的應用。第一章有詳細述論有關雷射原由、發展史、特性、原理、種類及應用。這章節介紹雷射光的檢測基本型式與環境公害物質檢測，有益於世界自然生態與環境污染破壞、空氣污染公害的瞭解，能讓人類共同維護、愛護大自然的清晰，能夠享受舒適安全的生活。

4-2 雷射光的檢測

光檢波器以雷射光為主要，係將光‧電機轉換器對電機、電子、機械、化學、通訊系統等訊號處理或檢測等功能。如表4-1所示雷射檢波器，其雷射波長以submillimeter 波至紫外光線範圍。

表4-1 雷射檢波器型式

種 類	型 式	頻 譜 寬	備 註
光二極體	二極體雪崩型	～1 GHz	適合 Si、Ge、GaAS 低準位
光接觸器		～數百 MHz	適合 Si、PbS、CdSe、InSb 高準位
光電管	光速調管	10 MHz	
	光搖波進行波管	1 GHz	
光電子增倍管	加速電極型	100 MHz	
	wittwer 型	500 MHz	磁場和電場的旋輪線加速
	DCFEM（註）	500 MHz	磁場和微波電場之特性

註：DCFEM：Dynamic Crossed Field Electron Multiplier 。

4-3　雷射檢測的應用

　　該項檢測利用雷射光的特性，而且針對檢測應用，具有六種特徵：

(1)　具有直線性方向。

(2)　具有空間相干性與時間相干性。

(3)　可見光範圍內檢測。

(4)　利用 Q 開關簡單方法，極容易檢測出脈波訊號。

(5)　利用光學設備的反射、折射定律可取得雷射光束。

(6)　利用光學的分類，配合雷射技術來研究開發電機、電子、機械、宇宙航
　　　空、通信系統之檢測。

4-3-1　雷射檢測的基本型式

圖4-1　日本國鐵（JR）北陸本線浦本隧道挖掘使用的雷射照準器

　　雷射檢測的應用，逐漸被研究開發最新式的光電技術，將在後面章節詳細述論及規納介紹。此節僅介紹雷射檢測的基本型式，其型式有直視型檢測、反射型檢測、非接觸型檢測等三種型式，簡略介紹如下：

1. 直視型檢測

　　利用雷射的可見性、指向性、直進性特徵而作成雷射照準器，它被應用於土木測量、夜間測量、建築工事、隧道與水壩工程等測量，如圖4-1所示雷射照準器挖掘隧道機照片。

　　雷射照準器種類極多，還有各公司產品亦多，必須按其特性與應用之性質而使用雷射照準器，著者曾實驗應用的NEC、東芝、日立氣體雷射照準器作些研究實驗，如圖4-2所示，圖(a)有關小型輕量的挖掘隧道基準線用雷射照準器及圖(b)隧道挖掘的測量基準線用雷射照準器、圖(c)防爆型高安全度用雷射照

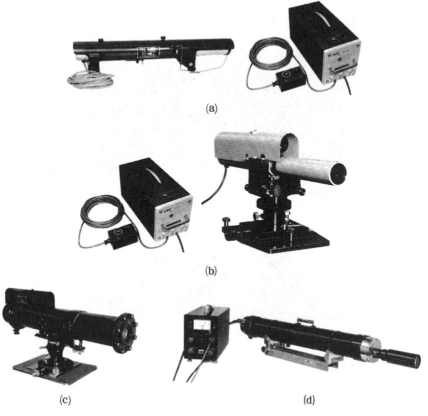

(a)

(b)

(c)　　　　　　　　　　　　　　(d)

圖4-2　氣體雷射照準器種類

(e)

圖 4-2　（續）

準器、圖(d)長距離用氣體雷射照準器、圖(e)雷射準直儀等設備。

2.　反射型檢測

　　反射型檢測分為脈波雷射雷達及變頻型測距等兩種方式，簡略概述如下：

(1)　脈波雷射雷達

　　人類最早使用微波（micro-wave）來分析脈波特性，雷射技術逐漸被應用於脈波雷射雷達檢測，方可達到數十ns短脈波寬，微波 $0.5 \sim 2\mu s$ 範

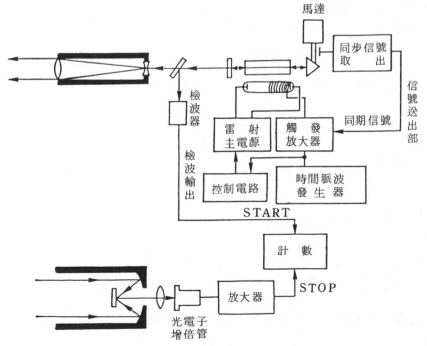

圖 4-3　雷射脈波雷達概略圖

圖 4-4　高功率雷射雷達

圍內，它能夠測出遠距離之精確度，特別被應用於人造衞星、探測月亮、星球之精確度距離。如圖 4-3 所示脈波雷射雷達概略圖。還有圖 4-4 高功率雷射雷達設備，其時間幅 30ns，峯值輸出 100MW 以上強放射性脈波，達到觀測 100 公里之距離。

(2) 變頻型測距

　　如圖 4-5 所示雷射的變調概略圖，它利用變頻（亦稱變調）KDP 或 ADP 元件裝置，產生電氣光學效果，其電位 Φ 為

$$\Phi = AV \quad\cdots\cdots\cdots\cdots\cdots\cdots\cdots\cdots\cdots\cdots\cdots\cdots\cdots\cdots\cdots\cdots\cdots(1)$$

　　Φ：相位

　　V：電壓

雷射光的強度 I 為

$$I = I_o \sin^2 \frac{\Phi}{2} \quad\cdots\cdots\cdots\cdots\cdots\cdots\cdots\cdots\cdots\cdots\cdots\cdots\cdots\cdots(2)$$

受到雷射光、變頻元件影響，會使相位、光強度而產生變化，則變頻波電壓 V 為

$$V = V_o \sin \omega_m t \quad \cdots\cdots\cdots\cdots\cdots\cdots\cdots\cdots\cdots\cdots\cdots\cdots\cdots(3)$$

再由(3)式代入(1)式可得

$$\Phi = A V_o \sin \omega_m t \quad \cdots\cdots\cdots\cdots\cdots\cdots\cdots\cdots\cdots\cdots\cdots(4)$$

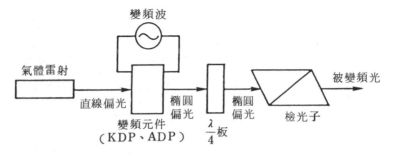

圖 4-5　雷射的變頻概略圖

3. 非接觸型檢測

　　非接觸型檢測係利用雷射光檢測危險地區或雷射加工的裝置。

　　如圖 4-6 所示雷射非接觸型檢測概略圖。

　　非接觸型檢測可分為反射干涉型檢測（它包含 Michelson 型、Benioff gauge 型、速度檢測型、地震檢測型）、及透過干涉型檢測等兩種方式，簡略概

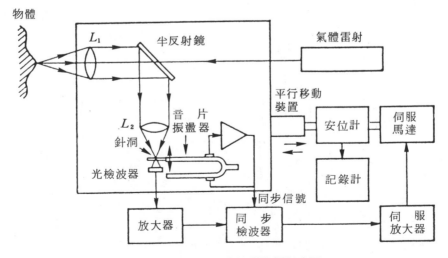

圖 4-6　雷射非接觸型檢測概略圖

述如下：

(1) 反射干涉型檢測

利用雷射光的反射光之干涉檢測稱為反射干涉型檢測。它可應用於 Michelson 型雷射干涉計、Benioff gauge 型、速度檢測、地震檢測等方式。

① Michelson 型雷射干涉計

如圖 4-7 所示 Michelson 型雷射干涉計，係使用優良的單色光性 $K_r{}^{86}$ 燈檢測長度大小。M_1 之反射光強度 I_1，M_2 之反射光強度 I_2，則求知合成光的強度：

$$I = I_1 + I_2 + 2\sqrt{I_1 I_2} \cos \left\{ 2\pi \cdot \frac{n(l_2 - l_1)}{\lambda} \right\} \quad \cdots\cdots\cdots\cdots (1)$$

但是　　　　　λ：眞空中的波長

　　　　　　　n：空氣中的折射率

　　2（$l_2 - l_1$）：光路差的變化

由光路差及圖 4-7 示來實驗測出干涉條紋的明暗，此種方法較易檢測出長度的大小。

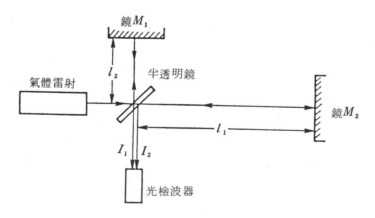

圖 4-7　Michelson 型雷射干涉計概略圖

② Benioff gauge 法

利用雷射光檢測地盤的下陷失眞情形，如圖 4-8 所示 Benioff gauge 法概略圖。

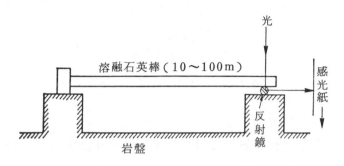

光

溶融石英棒（10～100m）

感光紙

反射鏡

岩盤

圖 4-8　Benioff gauge 法概略圖

③ 速度檢測

如圖 4-7 所示 Michelson 型雷射干涉計，由反射光的頻率產生 Doppler Shift（f_d）：

$$\frac{f_d}{f_o} = \frac{v}{c} \quad \dots\dots\dots\dots\dots(2)$$

$$f_d = (f_o)(\frac{v}{c}) \quad \dots\dots\dots\dots\dots(3)$$

但是 f_o：雷射振盪頻率

　　v：速度

　　c：光速

④ 地震檢測

如圖 4-9 所示雷射測定地殼變動概略圖，係利用地震與地震儀檢測 M_1 和 M_2 之間不同的距離，能夠自動記錄干涉之差或者著者曾利用氣體雷射裝置及自動描錄儀器、振盪器、石英晶片組合來研究各種噪音與人走動、汽車駛動的振動狀況，也亦可作爲檢測地震預知情形。

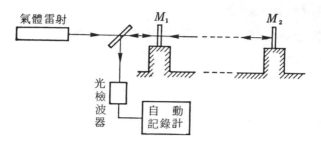

圖4-9 雷射測定地殼變動概略圖

(2) 透過干涉型檢測

係用雷射光的散亂波而透過移動媒質作爲檢測方式。如圖4-10所示透過散亂都卜勒拍差法（Doppler beat）測定流速概略圖。雷射光線分爲2個方向，其中散亂光透過物質再進入檢波器，可求出Doppler shift（f_d）：

$$\frac{f_d}{f_o} = \frac{1}{c} \left[v(r_s - r_o) \right] \quad \cdots\cdots\cdots\cdots\cdots\cdots\cdots\cdots\cdots\cdots(4)$$

$$f_d = \frac{f_o}{c} \left[v(r_s - r_o) \right] \quad \cdots\cdots\cdots\cdots\cdots\cdots\cdots\cdots\cdots\cdots(5)$$

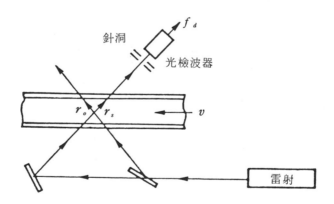

圖4-10 透過散亂都卜勒拍差法測定流速概略圖

但是　　　　f_o：雷射振盪頻率

　　　　　c：光速

　　　　　v：速度

　　r_s、r_o：各個方向（向量）

由實驗中可測出圓管中之流速結果。如圖 4-11 所示圓型流管中測試流速曲線圖。

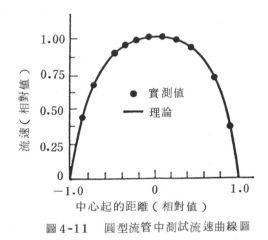

圖 4-11　圓型流管中測試流速曲線圖

4-4　環境公害物質的檢測

4-4-1　前　言

　　科技發展、人口增多及自然現象因素造成文明公害之病態，例如空氣污染、水質污濁、土壤污染、騷音振動、惡臭、核能輻射外洩及化學工業污染等，先進國家積極提倡綠化地球自然環境運動，以保護人類生活環境不受到公害污染，於是研究開發光環境時代的光電檢測或電子精密檢測儀器，它們作為監控大自然破壞者。自然空氣污染物質可分為自然現象（例如火山的噴火、天然瓦斯噴出、風沙、動植物的腐爛、醱酵等）及人為的（例如能源的生產、各產業過程、消費活動等）。特別空氣污染及水污染的 SO_2、NO、NO_2、酸雨等，1962年開始自動連續檢測 SO_2 污染成份。日本獨特開發檢測 SO_2 方法，於

是發表環境的空氣污染標準法，如表 4-2 所示。

表 4-2　環境的空氣污染標準法

物　　質	環　　境　　上　　的　　條　　件	檢　　測　　方　　法
SO_2	1 日平均值在 0.04 ppm 以下，而且 1 小時在 0.1 ppm 以下	溶液導電率法
CO	1 日平均值在 10 ppm 以下，而且 1 小時在 20 ppm 以下	使用非分散型 紅外線分析儀

4-4-2　檢測SO_2方法

檢測 SO_2 方法可分為溶液導電率法及紫外線螢光法等兩種方法。簡略概述如下：

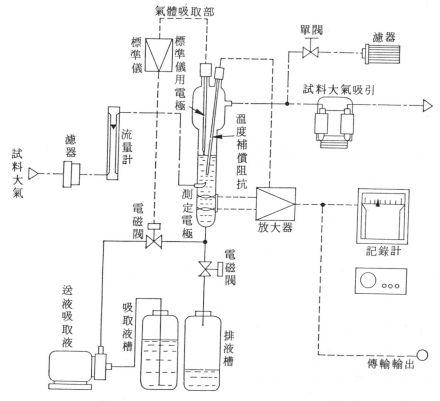

圖 4-12　間欠型溶液導電率法檢測SO_2系統概略圖

1. 溶液導電率法

　　日本獨特開發溶液導電率法，這套設備系統設置在全國各地方，以作為檢測 SO_2 污染成份。如圖 4-12 所示間欠型溶液導電率法檢測 SO_2 系統圖。

　　由化學式而知：

$$SO_2 + H_2O_2 \rightarrow H_2SO_4$$

利用導電率檢測 H_2SO_4 濃度，也可以測出 SO_2 濃度。這種方法有缺點，其缺點係指蒸發時，會產生濃縮誤差，而且影響導電率，無形中妨害氣體（例如 Cl_2、NH_2）之現象。

2. 紫外線螢光法

　　如圖 4-13 所示紫外線螢光分析儀的分光特性之一例，另如圖 4-14 所示紫外線螢光方式的檢波器之一例。SO_2 吸收紫外線產生 SO_2^* 勵起狀態現象，直到發生螢光時可求出其強度到 SO_2 之濃度。利用此原理表示反應式如下：

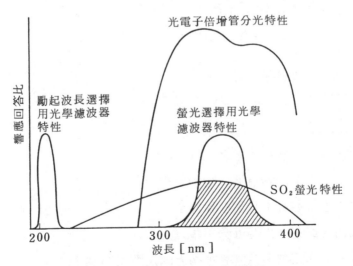

圖 4-13　紫外線螢光分析儀的分光特性

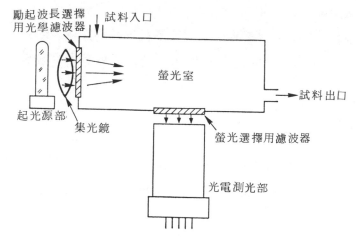

圖4-14 紫外線螢光方式的檢波器

$$SO_2 + h\nu_1 \rightarrow SO_2^*$$
$$SO_2^* \rightarrow SO_2 + h\nu_2$$
$$SO_2^* \rightarrow SO + (O)$$
$$SO_2^* + M \rightarrow SO_2 + M^*$$

但是　M與其他分子共存。

習　題

1. 雷射檢測具有那些特徵？
2. 雷射直視型檢測具有那些功能與應用？
3. 氣體雷射照準器可分那些種類？
4. 述論雷射反射型檢測可分那些方式？
5. 述論雷射非接觸型檢測有那些方式及應用範圍？
6. 述論檢測 SO_2 方法可分為那些方法？
7. 光電檢測具有那些特性及其優點？
8. 影響光電檢測有那些因素？為何？
9. 光電檢測可應用在那些實驗？

第五章

光纖理論與檢測

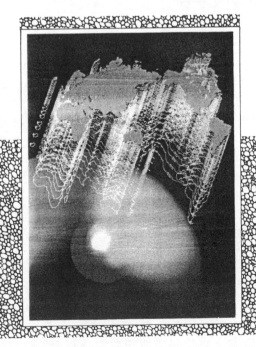

5-1 　前　言

　　眼睛對物體的形狀、位置、顏色、尺寸等具有非接觸式之辨出能力。近年來雷射的發達，半導體材料的進步，逐漸開發出來的紫外光區～紅外光區的各種發光、受光元件，其受光面積只有微米程度，反應速度卻達10^{-7}～10^{-9}秒高速光信號的檢測技術。因此以光感測器、光纖應用到生產管理、電力、核能、海洋、交通、宇宙航空、醫學、天文地理、科學檢測、公害、環境等新技術。特別先進國家（美國、法國、日本等）積極開發光纖檢測元件、光纖感測器，則應用於光纖通信系統，將會邁向光電通信系統之時代，也是目前倍受注目的重要課題。本章特別介紹光纖‧光感測器的特性、種類及應用，以便給予諸位能夠瞭解光電技術的重要性與未來發展之特色。

5-2 　光纖和檢測

　　資訊傳輸完全靠著電氣信號轉換、檢測技術爲主，由於光電技術逐漸成熟，先進國家導入光纖技術作爲傳輸信號，它具有特徵如下：
(1)　細徑性。
(2)　可撓性。
(3)　絕緣性。
(4)　低損失性。
(5)　無誘導性。
(6)　耐火、耐水性。
(7)　耐腐蝕性。
(8)　廣頻域性。
依其上述特徵，作成表5-1所示光纖的優點。

　　因爲具有多種特徵，也是打破傳統性的金屬銅電纜傳輸電路，改善金屬傳

表 5-1　光纖的優點

	優　　　　　　　　點	有　　　　　用　　　　　性
電氣特性	絕緣性	安　全
	無誘導性	雜音對策不用
	無漏話性	
	低損失性	長距離時不用中繼
	廣頻域性	大容量高速通信
機械特性	細徑性	光譜的效率化極佳
	輕量性	取携容易輕便

輸之缺點。利用光纖技術，依其檢測領域分類如下：

(1)　空間極小檢測。

(2)　微米檢測。

(3)　影像檢測。

(4)　能在高電流、高磁場狀態下檢測。

(5)　能在爆破性或雷電等較大的電氣干擾下檢測。

(6)　能在導電性媒體檢測。

(7)　質量輕、可撓性能在水中或腐蝕性空間內檢測。

(8)　危險空氣內檢測。

(9)　遙感檢測。

(10)　高壓電環境或實驗之下檢測。

(11)　電磁波環境或實驗之下檢測。

(12)　電子、機械、電機方面檢測。

(13)　高溫度、化學等惡裂環境或污染空氣中檢測。

　　光纖檢測的機能因素，可分爲：

(1)　光感測器。

(2)　資訊傳輸。

(3) 顯示記錄。

上述的特徵，機能因素而知，光纖具有廣頻域、無誘導的傳輸功能。例如：16條金屬線必須用GP-IB、光IC分波器、陣列二極體等組合，其組合非常困難，而且成本較高，則可利用1條的光纖替換檢測，解決其缺點因素。

5-3　光纖應用檢測的現狀

　　上述利用光纖檢測的機能要素，接著此節特別舉例光纖檢測對象，如圖5-1所示基本型態。

　　因為光的速度極快，人的眼睛無法直接檢測出特性，一定要利用光纖應用檢測技術來觀測各種特性。針對各種領域，談及光纖應用檢測領域可分為：

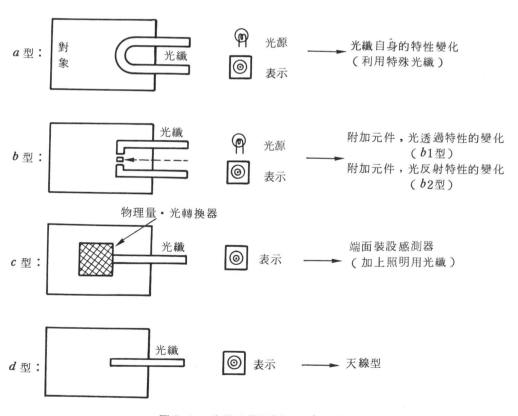

圖 5-1　光纖應用檢測的基本型態

(1)　電氣、光、輻射線檢測領域應用。

(2)　機械量、音、溫度檢測領域應用。

(3)　影像檢測領域應用。

(4)　其他。

表 5-2　(1)電氣、光、輻射線檢測領域應用

對象	編號	研　究　題　目	型態	構　成　要　素	原　　理	特　徵
電壓	1	雷射電壓檢測器	*b*	半導體雷射、多模態光纖、LiNbO₃,LiTaO₃結晶	pockels 效應	高絕緣
	2	利用雷射電壓測定器檢測靜電誘導電壓	*b*	同上	同上	同上
電流	3	光纖、雷射CT	*a*	He-Ne 雷射單模態光纖	法拉第效應	高絕緣
電場	4	利用光纖遙測電磁場	*c*	測定微波檢出元件、LED、光纖	檢流光變頻	電磁場均勻時高空間分解能
	5	液晶光纖RF探示器	*c*	微波吸收體、液晶光纖、光源	折射率的溫度依存性	同上
脈波電壓	6	光取樣系統	*d*	短脈波雷射光變頻器	kerr effect 遲延	高時間分解能
光	7	利用光纖作爲光束干涉	*d*	He-Ne 雷射、光導攝像管、單模態光纖	干涉、相位檢出	微小開口
	8	利用單模態光纖測定光電磁場分佈	*d*	同上	同上	同上
脈波寬	9	微微秒光分析儀（picosecond）	*d*	kerr cell,短脈波雷射、多模態光纖	光 kerr effect	高時間分解能
	10	微微秒光分析	*d*	同上	同上	同上
光	11	光纖電驛	*b*	光纖、LED	熱－機械位移	小型、絕緣
輻射線	12	光纖輻射線量儀	*a*	特殊光纖、光源	傳輸損失的變化	高感度、廣空間

　　如表5-2所示光纖應用檢測的現象，包括基本型態及構成要素、原理、特徵及其他。

表 5-2　(2)機械量、音、溫度檢測範圍之應用

對象	編號	研　究　題　目	型　態	構　成　要　素	原　　　理	特　　徵
壓力	1	利用光纖檢測血壓	c	液晶	壓力-液晶的折射率變化	血管中
血液	2	利用光纖導管檢測血流	d	紫外差法檢波	都卜勒效應	血管中
張力	3	光纖測微儀	a	單模態光纖、He-Ne 雷射	張力-光路長變化	狹空間
彎曲角速度	4	光纖雷射陀螺儀	d	單模態光纖、He-Ne 雷射	sagnac 效應	輕量穩定高分解能
	5	光纖變型干涉儀	a′（變型）	單模態光纖、（GaAl）As 雷射	同上	同上
超音波	6	光纖水下測音器	a	單模態光纖多模態光纖	音響光學效應	水中
	7	光纖對音的檢測	a	單模態光纖	同上	水中
	8	光纖音響感測器	a	單模態光纖多模態光纖	同上	水中
	9	單線光纖音響感測器	a	單模態光纖	光纖端面的多重反射	構成的簡單化
振動	10	變頻光纖損失的振動	a	多模態光纖He-Ne 雷射	振動-彎曲損失變化	狹空間
溫度	11	電磁場的溫度檢測	c	液晶多模態光纖	溫度對液晶的折射率變化	電磁場均勻
	12	光纖溫度感測器	b	雙金屬	雙金屬對光的遮斷	遠隔檢測

表 5-2　(3)影像檢測範圍之應用

對象	編號	研　究　題　目	型態	構　成　要　素	原　　　　理	特　　　　徵
影像	1	單線光纖對並聯傳輸	*d*	狹縫多模態光纖，掃描器	傳輸光線方向（模態的保存）	光纖根數的節約，耐惡環境性
	2	光導中的光分佈	*d*	多模態光纖，He-Ne 雷射	自己結像效應	同上
	3	顏色編號對影像傳輸	*d*	包覆光纖，稜鏡	波長多重傳輸	同上

表 5-2　(4)其他

對象	編號	研　究　題　目	型　態	構　成　要　素	原　　　　理	特　　　　徵
溫度	1	血液媒質的擴散反射檢測	*b2*	帶型光纖、色濾波器	反射率的媒質依存	生體檢測
座標	2	含有螢光的光纖	*a*	特殊光纖、光筆	螢光發光	XY輸入機能
距離	3	自己結合半導體雷射的應用	*c'*（變型）	單線光纖、LD、鏡	自己結合效應	光源兼檢出器利用

5-4　雷射特性不同檢測對象及光檢測的應用

　　使用雷射特性或光纖感測器應用於各種領域中，陸續的被開發中，將含蓋實驗室的科學研究檢測及生產過程的控制、遠隔感測、自動控制等檢測，接著利用高分解能小型雷射轉電碼與使用光纖的高精密度高分解能（波長 0.01μm ）雷射測長器，將邁向超精密機械領域的新一頁。今後有關資訊、通訊領域的發展，將不僅止於資訊的傳輸特性，預期由光感測器技術到光纖通信系統尖端技術局面。

　　由5-3節有詳細歸納（Ⅰ）、（Ⅱ）、（Ⅲ）、（Ⅳ）之應用，接著又以表5-3所示光檢測的應用及表5-4所示雷射不同檢測對象，能夠給予初學者或研究者作為參考之用，更能研究開發其光電技術應用。

表5-3 光檢測的應用

領　　域	編號	對　　　　　　　　象	原　　　　　　　　　　　　理
電　　力	1	電壓、電場	pockels effect
	2	電流、磁場	法拉第光效應
	3	溫度	黑體輻射、光吸收、光放射
	4	振動、加速度	光彈性效應、光遮屏
	5	風向、風速	光遮斷
交　　通	6	速度	空間濾波法
	7	角速度	雷射陀螺儀
	8	溫度	光吸收、光放射
	9	位置	太陽電池
程序控制	10	溫度	黑體輻射、光吸收、光遮屏、結晶的折射率、螢光、光放射
	11	壓力流量	反射、光遮屏都卜勒效應
	12	準位	折射率的變化
	13	漏油	油附著對光纖損失變化
醫　　療	14	血流	都卜勒效應
	15	血液凝集	光散亂
	16	代謝、癌細胞檢測	反射光譜分析
	17	型態檢測	影像法
	18	壓力	反射
機械工業環　　境	19	速度	都卜勒效應、光譜應用、空間濾波法
	20	溫度	黑體放射、拉曼散亂、雷射誘起螢光
	21	變位振動	光譜應用、干涉儀、影像
	22	表面形狀、相同性、傷痕等	干涉法、空間濾波法
	23	氣溫、風向、風速	拉曼散亂、差分吸收、都卜勒效應、輻射散亂
	24	氣體（大氣污染、燃性氣體）	光吸收、拉曼散亂

表 5-4　雷射特性不同的檢測對象

雷　射　性　質	檢測應用例（效應等）
（平行性） 空間相干性 （收束性）	直線基準、雷射雷達、形狀檢測 稜線檢測、高分解能缺陷檢測
時間相干性（單色性）	分光分析（吸收）、雷射雷達、氣體濃度檢測
干涉性	變位儀、振動儀、速度流量儀（都卜勒效應、光譜）、測距儀（高精密度、面罩）、二次元變形、回轉表面粗度儀（光譜）、電場·電壓計、磁場·電流計
高能源·密度	雷射雷達、螢光檢測
超短脈波	超高速現象檢測、微微秒檢測、高速拍攝照相

5-5　光纖研究成果的年表

美國在 1970 年開發石英光纖，且發表了光纖具有 20 dB/km 之低損失特性；同時貝爾研究所利用 Si 光纖研究連續發信半導體雷射，即是所謂光纖傳輸方式的光通信時代開始。由表 5-5 所示光纖研究成果的年表。

表 5-5　光纖研究成果的年表

西元（年）	光　　　　　　　纖	光　　　　　　　源
1951	醫療用玻璃纖維發明	
1960		紅寶石雷射發振（美國）
1961		He-Ne 雷射（美國）
1962		GaAs 雷射（美國、西德）
1964	GI 型光纖的提案（日本）	
1966	預言低損失光纖研究	
1969	開發 GI 型光纖（日本）	
1970	開發低損失光纖（20dB/km）	GaAlAs 雷射連續發振（美國、日本）

表 5-5 （續）

1972	開發石英系光纖（日本）	GaAlAsSb 雷射發振（日本）
1973	CVD法對光纖製造（貝爾）	
1974	開發 Si 光纖（2.4dB/km）（日本）	
1976	開發極低損失光纖（日本） （波長 1.2μm中 0.47dB/km損失）	GaInAsP雷射 1.3μm 頻寬連續發振 （日本）
1978	開發極低損失Si 單模態光纖（日本） （波長 1.55μm中 0.2dB/km損失）	
1980	①開發極低OH光纖（日本） 　（波長 1.0～1.7μm中 1dB/km以 　下損失） ②開發單模態光纖用融著接續機(日本)	GaInAsP雷射 1.5μm頻寬連續發振
1981	①開發光纖架空光地線（日本） ②開發自己支持型架空光電纜（日本） ③開發電力複合海底光電纜（日本）	
1982	建設光纖生產工廠（日本）	
1983	①日本電電公社使用INS ②利用VAD法開始製造單模態光纖	
1984	INS用單模態光纖電纜製造完成	

5-6 光纖的基本知識─特性、種類、應用及損失構造、製造工程法

5-6-1 前 言

　　使用光纖技術來開發新式的光感測器或光纖應用，首先必要瞭解有關光纖的基本知識 ── 特性、種類及檢測應用。光纖可分為石英系、玻璃系、塑膠系光纖等。由於透光度極佳的誘電體作成的細纖維，也是一種傳輸光而外形非常微細的玻璃纖維，其直徑約為一百微米程度，重量極輕且易彎曲。

　　光纖在光通信中佔有非常重要的地位，把資料輸入光束中加以傳輸，故它在光纖通信上係作為傳輸的媒介，構造組合和電話線在電信事業中的地位完全

相似。至於光纖的內部構造，通常需要特殊的技術才能製造出產品。

　　光纖技術研究開發至各方面領域上，將對未來的光電技術有莫大影響，所以必先知其優點、特性。本章的5-2節有概述光纖之特徵，其大致相似。它具有特性如下：

(1) 多複通信的光波長。

(2) 光纖通信容量大於有線通信容量。

(3) 光纖不受電磁波干擾。

(4) 光纖具有低損失的傳輸。

(5) 光纖極細及重量輕可彎曲。

　　由此可知，光纖具有不受雜訊干擾，傳輸損失極小，通信容量極多等諸多優點，而且被廣泛應用於大容量系統、電腦內部連線、軍事通信系統、人造衛星傳輸信號系統及長距離傳輸系統等。目前，先進國家積極開發研究光纖應用新系統，將會被廣泛應用於光電科技之一，而改變傳統性科技，更能提昇工業升級。

5-6-2　光纖種類及特性

表5-6　光纖種類和特性

種　　　類	材　料	核　心　徑 (μm)	NA	損　　失 (dB/km)	特　　　　性	用　　　　途
多　模　態	石　英	50	0.1	1	超低損失	通信、檢測
	塑　膠	100～300	0.5	300	大NA，價廉	照明、資料連結
	多成分	200	0.5	15	大NA，價廉	OA、FA檢測
	紅外材	500	—	1(dB/m)	紅外線透過	加工、溫度檢測
GI多模態	石　英	50	0.2	1	模態分散小	中距離通信、檢測
單　模　態	石　英	4～6	0.1	1	同類傳輸	長距離通信、檢測
偏光保持	石　英	4～6	0.1	1	偏光穩定	通信、檢測
影　　像	石　英	5～10	0.2	30	低損失	影像傳輸
光　纖　束	多成分	5～10	0.5	30	大NA、大口徑	光功率傳輸

　　目前，已積極研究開發耐輻射線用的光纖及紫外線用的光纖，表5-6所示光纖種類和特性。

　　光纖種類可分為SI型多模態光纖、GI型多模態光纖、SM型單模態光纖等三種類。如圖5-2、圖5-3所示光纖種類與內部構造。圖5-2與圖5-3相同，為著讓初學者能夠更瞭解光線的折射線路徑，特別將兩種圖示作為比較與參考。

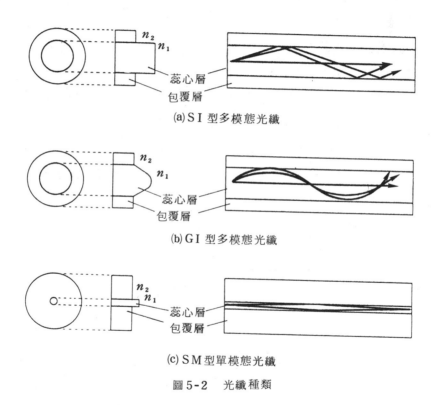

(a) SI型多模態光纖

(b) GI型多模態光纖

(c) SM型單模態光纖

圖5-2　光纖種類

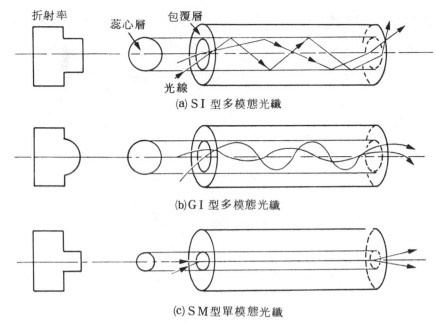

(a) SI 型多模態光纖

(b) GI 型多模態光纖

(c) SM型單模態光纖

圖 5-3　光纖種類及光傳輸路徑

5-6-3　光纖損失的主要原因

表 5-7　光纖損失的主要原因

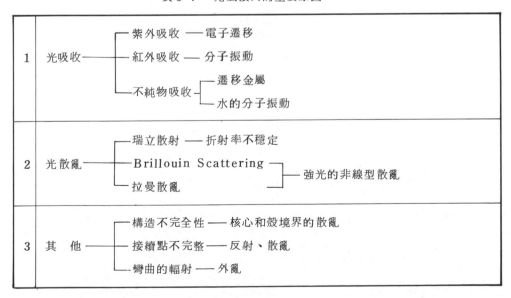

1	光吸收	紫外吸收 —— 電子遷移	
		紅外吸收 —— 分子振動	
		不純物吸收	遷移金屬
			水的分子振動
2	光散亂	瑞立散射 —— 折射率不穩定	
		Brillouin Scattering	強光的非線型散亂
		拉曼散亂	
3	其　他	構造不完全性 —— 核心和殼境界的散亂	
		接續點不完整 —— 反射、散亂	
		彎曲的輻射 —— 外亂	

　　光纖損失的主要原因可分為吸收、散亂兩種。據悉單一模態石英光纖的波長 1.55μm 有 0.2 dB/km損失。如表 5-7 所示光纖損失的主要原因。還有圖 5-4 所示光纖損失的理論值及圖 5-5 已開發光纖的損失特性。

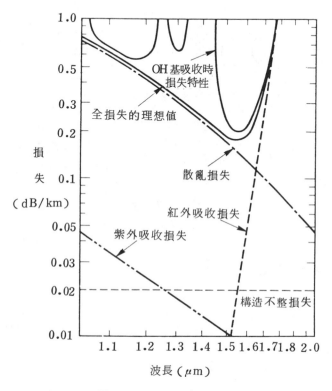

圖 5-4　光纖損失的理論值

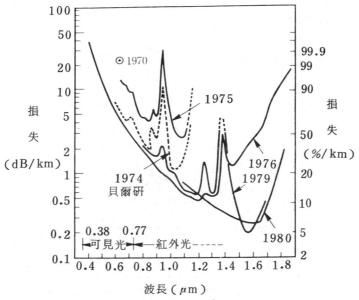

圖 5-5　已開發光纖的損失特性

5-6-4　光纖與導體銅線特性的比較

　　石英系光纖材料特性與一般良導體銅線材料特性的比較，上述有關其特性、優點；總括而言，它的重量輕、熱絕緣性極佳、抗拉強度大等特性。如表 5-8 所示石英系光纖與銅的物理性質。

表 5-8　石英系光纖與銅的物理性質

特性\材料	折射率	密　度 (g/cm³)	導電率 (℧/cm)	熱傳導率 (cal/cm·S、℃)	軟化溫度 (℃)	線膨脹係數 ×10⁻⁷(1/℃)	抗張強度×10⁸ (kg/cm²)
石英	1.46 (誘電率)	2.20	1 MHz 時 tan δ =2×10⁻⁴	0.0033	1700	5～6	≒50 (脆性破壞)
銅	—	8.89	6×10⁵ (金屬)	0.92	1080 (熔點)	140	≒3 (延性破壞)

5-6-5 光纖的構造

如圖 5-6 所示光纖的構造。

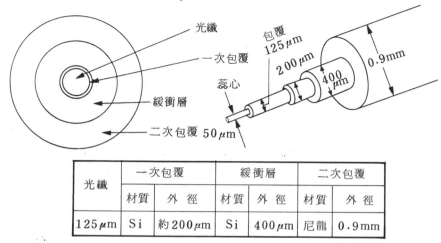

光纖	一次包覆		緩衝層		二次包覆	
	材質	外 徑	材質	外 徑	材質	外 徑
125μm	Si	約200μm	Si	400μm	尼龍	0.9mm

圖 5-6　光纖構造

5-6-6 光纖的VAD製造法

日本開發光纖的VAD製造法（Vapour phase Axial Deposition Method，簡稱為VAD法）。如圖5-7所示石英系光纖的製造工程圖。

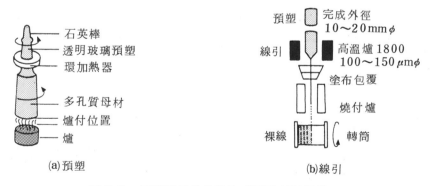

(a)預塑　　　　　　　　　　　　(b)線引

圖 5-7　石英系光纖的製造工程圖（VAD法）

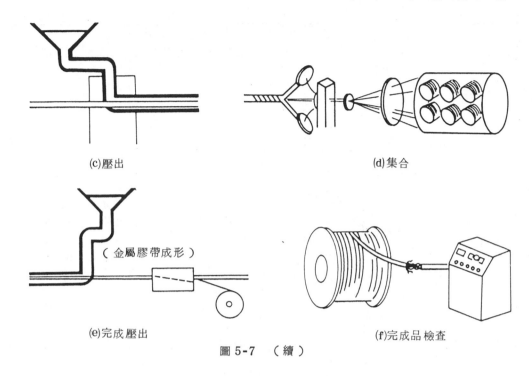

(c)壓出　　　　　　　　　　　　　(d)集合

（金屬膠帶成形）

(e)完成壓出　　　　　　　　　　(f)完成品檢查

圖 5-7　（續）

5-6-7　偏波面保存光纖的種類

　　單模態光纖的斷面形狀，如果圓形場合，其缺點是光的偏波面無法固定，於是開發偏波面保有光纖，它的優點有穩定性、壽命長、保持直交偏波面與模態間的傳輸速度大。如圖5-8所示偏波面保存光纖的種類。

形　　式	斷　面　圖*	偏波消光化（dB）	傳　輸　損　失（dB/km）	備　　　考
橢圓蕊心	n_1　n_2	-28（至500m）	44	橢圓率：0.8
矩型蕊心	n_1　n_2	—	—	蕊心尺寸：$5.5 \times 10.5 mm^2$

形　　　式	斷　面　圖*	偏波消光化（dB）	傳輸損失（dB/km）	備　　　考
葫蘆型蕊心	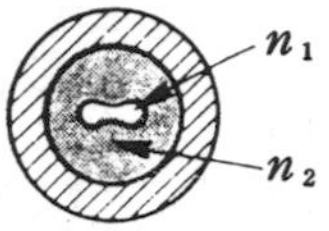 n_1　n_2	—	—	—
橢圓包覆	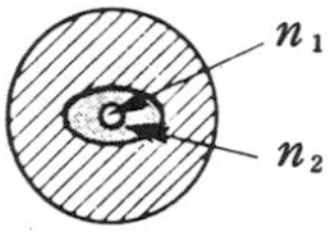 n_1　n_2	-30（至500m）	5	橢圓率：0.7
橢圓套管（4層構造）	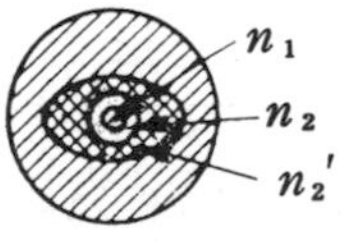 n_1　n_2　n_2'	—	8.6（$\lambda=0.63\mu$m）	橢圓率：2.2 拍差長：8mm
		-30	—	$\Delta\beta=7300$rad/m 拍差長：0.86mm
側槽型（槽付筒型）	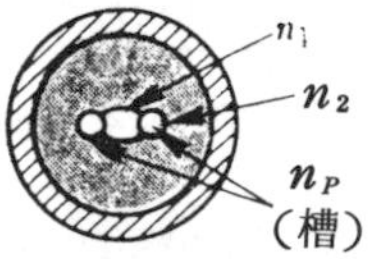 n_1　n_2　n_P（槽）	-27（至10m）	1（$\lambda=1.3\mu$m）	拍差長：27mm
		-23（至500m）	0.62（$\lambda=1.5\mu$m）	拍差長：21mm
側槽型（4分之1蕊心型）	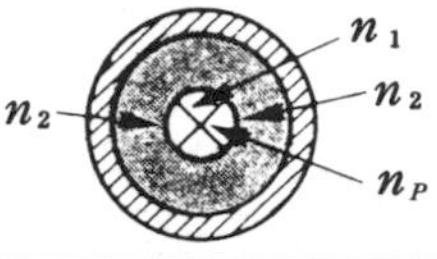 n_1　n_2　n_P	—	—	$n_1/n_2=0.013$ $n_P/n_2=0.019$

註：偏波消光比：Extinction Ratio of Polarization

圖 5-8 　（續）

5-7　光纖的導波原理

　　受光元件的 PD（Photo Diode）、APD（Avalanche Photo Diode）及發光元件的 LED（Light Eemitting Diode）、LD（Laser Diode）等，它係能與整合性的光纖技術、電子技術配合，確實地達到高信賴性、高精密性的光纖系統，乃是發展光電技術不可缺少之一環。

　　光纖的導波原理係基於光纖內的光傳輸路徑與光的折射率，如圖5-9所示光纖內光傳輸路徑，圖5-10所示光的折射。按其本章的 5-6-2 節光纖種類

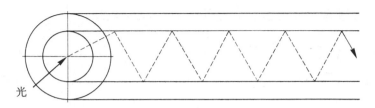

圖5-9　光纖內光傳輸路徑

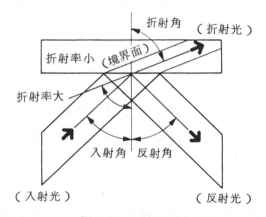

圖5-10　光的折射

，簡述 SI 型多模態光纖及 GI 型多模態光纖的導波路徑構造。

　　光纖中的光波傳輸可由Maxwell的波動方程式來解析其特性。先分析圖 5-11 SI 型光纖的光波傳輸路徑，由於光纖境界面上重覆全反射現象，係利用基本光學的反射定律及折射定律關係式，如圖 5-13 所示光線的反射、折射圖。於第二章傳播現象內概述，請參照。它的關係式：

$$\frac{\cos \theta_1}{\cos \theta_2} = \frac{n_2}{n_1} \quad \dots\dots\dots\dots\dots\dots\dots\dots\dots\dots\dots\dots (1)$$

又

$$\frac{\sin \varphi_1}{\sin \varphi_2} = \frac{n_2}{n_1} \quad \dots\dots\dots\dots\dots\dots\dots\dots\dots\dots\dots\dots (2)$$

由(1)、(2)式　　n_1：介質 1 的折射率

　　　　　　　　n_2：介質 2 的折射率

若介質 1 的誘電率 ε_1，介質 2 的誘電率 ε_2，其關係式：

$$n_1 = \sqrt{\varepsilon_1} \quad \cdots\cdots\cdots\cdots\cdots\cdots\cdots\cdots\cdots\cdots\cdots(3)$$

$$n_2 = \sqrt{\varepsilon_2} \quad \cdots\cdots\cdots\cdots\cdots\cdots\cdots\cdots\cdots\cdots\cdots(4)$$

假若 $n_1 \gg n_2$ 時，光線的入射角 θ_1 有變化；$\theta_2 = 0$ 此角度稱為臨界角。此角度 $\ll$ 入射角的光線，其境界面產生全反射，由此可知，光纖傳輸得知臨界角 θ_c：

$$\theta_c = \sin^{-1} \left(\frac{n_2}{n_1} \right) \quad \cdots\cdots\cdots\cdots\cdots\cdots\cdots\cdots\cdots(5)$$

初期的光纖胃鏡，單裸的玻璃光纖，介質 1 是空氣，介質 2 是玻璃，則光纖的臨界角是 $n_1 \doteqdot 1$，$n_2 \doteqdot 1.5$，將此值代入(5)式而計算得知臨界角約 $48°$ 之值。

由(5)式可得知臨界角之值，如圖 5-11、圖 5-12 所示，這種構造的低分散光纖。特別注意事項，光纖的臨界角 θ_c 較大時，它的分散也較大。

圖 5-11 所示 SI 型多模態光纖導波路徑，受到包覆層影響，臨界角 θ_c 極小時，光通過蕊部層，具有 1 % 程度的折射率，但是折射率差比 $\left(\Delta = \dfrac{n_1{}^2 - n_2{}^2}{2n_1{}^2} \doteqdot \dfrac{n_1 - n_2}{n_1} \right)$ 為 0.01，臨界角 θ_c 約為 8 度，其值非常極小。

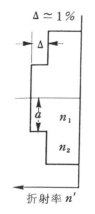
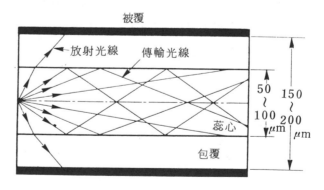

$\Delta = (n_1 - n_2)/n_1$；折射率差比

圖 5-11　SI 型多模態光纖的導波路徑

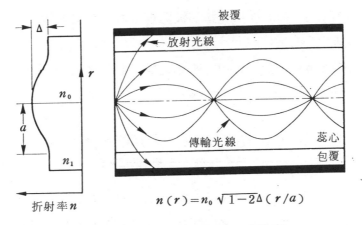

$$n(r)=n_0\sqrt{1-2\Delta\,(r/a)}$$

圖5-12　GI型多模態光纖的導波路徑

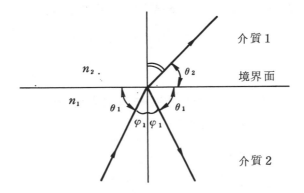

圖5-13　光線的反射、折射

模　　態	HE$_{11}$	TE$_{01}$	TM$_{01}$	HE$_{21}$	EH$_{11}$	HE$_{31}$
次數　ν	1	0	0	2	1	3
m	1	1	1	1	1	1
電場分佈	 ⊙	 ⊙	 ⊙	 ⊙	 ⊙	 ⊙
LP模態	LP$_{01}$	LP$_{11}$			LP$_{21}$	

圖5-14　光纖的低次模態

　　圖 5-12 所示 GI 型多模態光纖導波路徑，因為折射率極小，幾乎近似於光速度，換句話分散也極小。

　　依據電場分佈而言，如圖 5-14 所示光纖的低次模態。HE_{11}（LP_{01}）模態，即為光纖的基底模態。

5-8　開口數NA和規格化頻率數V

　　何謂「開口數」？亦簡稱為 NA（NA：Numberical Aperture），係由光纖端面傳輸的光線，直接接受光纖傳輸的光線，表示其受光特性。如圖 5-15 所示為光纖的受光特性，受光的最大角度正弦 θ_{max}（$\sin \theta_{max}$），可決定光纖構成物質的折射率，由圖 5-15 所示及本章的 5-7 節第(2)式關係，可求得 NA 式：

$$NA = \sin \theta_{max} = n_1 \sin \theta_c = n_1 \sqrt{2 \Delta} \quad \cdots\cdots\cdots\cdots\cdots\cdots\cdots(6)$$

但是　　折射率差比 $= \dfrac{n_1{}^2 - n_2{}^2}{2\, n_1{}^2}$ $\cdots\cdots\cdots\cdots\cdots\cdots\cdots\cdots\cdots(7)$

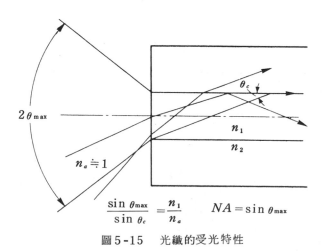

$$\frac{\sin \theta_{max}}{\sin \theta_c} = \frac{n_1}{n_a} \qquad NA = \sin \theta_{max}$$

圖 5-15　光纖的受光特性

由(6)式，折射率差比 1 ％的石英系光纖，$n_1 = 1.46$，NA $= 0.2$時，θ_{max} 約爲 11.5 度。

　　然而，規格化頻率數 V 係決定光纖傳輸模態的傳輸參數。一般的光纖傳輸可能的模態數，已知光纖的蕊心半徑 a，光的波長 λ，物質的折射率 n_1 或 n_2，再由波動方程式導出規格化頻率數 V：

$$V = \left(\frac{2\pi}{\lambda} \right) an_1 \cdot \sqrt{2\Delta} = \left(\frac{2\pi}{\lambda} \right) a \, (\text{NA}) \quad \cdots\cdots\cdots\cdots\cdots (8)$$

如果，GI 型多模態光纖時，n_1 改爲 n_0 符號。

　　多模態傳輸的模態總數 N，V 值極大場合，則近似於 $V^2/2$。例如石英系光纖的蕊心半徑 $a = 50\,\mu m$，開口數 NA $= 0.2$，光的波長 $0.6\,\mu m$ 傳輸場合，則模態總數約爲 5300 之值。

習　題

1. 光纖具有那些特徵及應用？
2. 光纖技術檢測領域具有那些分類？
3. 光纖應用檢測領域可分爲那些領域？
4. 光檢測應用於電力領域上其對象與原理？
5. 雷射特性不同的檢測對象可分爲那些應用？
6. 光纖有那些種類、材料、特性與用途？
7. 光纖損失有那些主要原因？
8. 比較光纖與導體銅線之不同特性？
9. 繪圖石英系光纖的 VAD 製造工程圖？
10. 偏波面保存光纖有那些種類？
11. 述論光纖的 SI 型多模態與 GI 型多模態的導波傳輸路徑圖？
12. 何謂「開口數」（NA：Numberical Aperture）？何謂「規格化頻率數」（V）？兩種有何相關係？

13. 光纖應用檢測的三種型態，有那些特性？

14. 光纖應用於軍事用途極多，以實例簡述其應用？

15. SI型、GI型多模態光纖與SM型單模態光纖，試繪圖出入射波形及出射波形？

16. 試繪圖光纖的低次模態的電場強度之花瓣圖？

第六章

光感測器與檢測

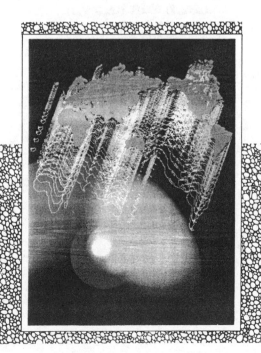

6-1　光感測器的特性

微電腦的發達，必須仰賴高度化的檢測技術、高度信賴性、高靈敏度性的自動化機器，然而其主要目的係以開發光感測器為重要課題。

光感測器可分為機能轉換、對象與整合性、檢測信號及其他，依其區分列出特性。如表6-1所示光感測器特性。

表6-1　光感測器特性

編號\分類	區　　　分	特　　　　　　　　　　　　　　　　　　性
1	機能轉換	①動作範圍非常廣域 ②檢測信號的S/N優良 ③具有直線轉換關係 ④變化少
2	對象與整合性	①測定對象狀態不會雜亂 ②測定對象狀態穩定 ③測定對象環境的檢測信號不會雜亂
3	檢測信號	①信號傳輸容易 ②信號處理容易
4	其　他	①故障少 ②價格廉　　　　　　④特性穩定 ③小型輕量

上述條件以一般而論，機能轉換、對象與整合性適合於檢測出電機信號，一般均以電子的光感測器為多。如圖6-1所示，熱電對元件變換直接信號的對象狀態，且應用於檢流器、熱電偶與光二極體等。

組合CCD（Charge Couple Device）及CPU（Central Processing Unit），基本的光感測器作為檢測出對象狀態、目的。圖6-2所示，應用於影像處理、電波望遠鏡。

圖6-3所示，大規模的光感測器、系統、檢測出對象及目的，其須具備各種技術組成光感測器系統，更能發揮最新的功能，這些均與光電子、光量子、光IC的知識相關連，並且應用於電磁場光感測器。

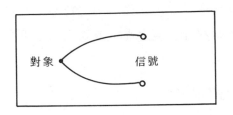

圖6-1 基本光感測器

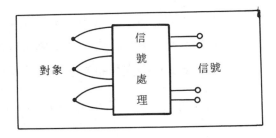

圖6-2 應用影像處理信號、電波

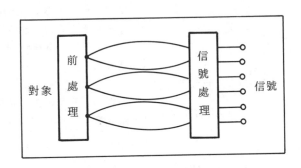

圖6-3 光感測系統

6-2 光感測器的種類

　　光感測器普遍使用於非接觸性檢測，它是利用光感測器的發射光與接收光之間傳輸路徑，也能檢測訊息之特徵。一般所言的光感測器係指光電元件，它可分爲發光部元件及受光部元件。包括液晶顯示器（LCD）、發光二極體（LED）、光電池、光導電池、光電晶體、PIN光二極體、雷射二極體及光耦合器、光耦合隔離器、光電耦合器及光子耦合隔離器等光電元件。

　　光感測器主要是以光電轉換爲目的，若從波長感度來區分分類如下：

(1) 可見光感測器。

(2) 包含近紅外、紅外光感測器。

(3) 紫外光感測器。

(4) 遠紅外光感測器。

(5) 高壓電位感測器。

　　另外，若以光輸入的空間次元分類，檢測對象的反射光輻射之特性，無論如何在一次元、二次元檢測元件，利用掃描檢測光強度之電機信號系列，可參照表6-2所示，檢測空間的光感測器分類。

表6-2　檢測空間的光感測器分類

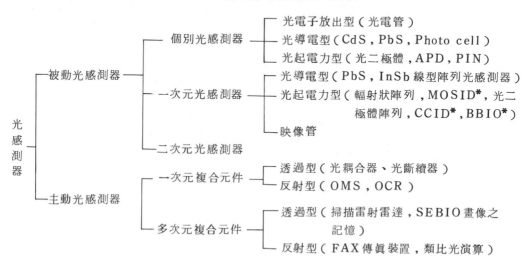

```
                                    ┌ 光電子放出型（光電管）
                    ┌ 個別光感測器 ─┼ 光導電型（CdS，PbS，Photo cell）
                    │               └ 光起電力型（光二極體，APD，PIN）
          ┌ 被動光感測器             ┌ 光導電型（PbS，InSb 線型陣列光感測器）
          │         ├ 一次元光感測器 ┼ 光起電力型（輻射狀陣列，MOSID*，光二
 光                 │               │             極體陣列，CCID*，BBIO*）
 感                 │               └ 映像管
 測 ─────┤         └ 二次元光感測器
 器                 ┌ 一次元複合元件 ┌ 透過型（光耦合器、光斷續器）
          │                         └ 反射型（OMS，OCR）
          └ 主動光感測器             ┌ 透過型（掃描雷射雷達，SEBIO畫像之
                    └ 多次元複合元件 ┤           記憶）
                                    └ 反射型（FAX傳真裝置，類比光演算）
```

註：MOSID（Double gate MOS Imaging Device）
　　CCID（Charge coupled Imaging Device）
　　BBID（Backet Brigade Imaging Device）

6-3　光纖感測器之檢測及其特徵、構成

1. 光纖感測器的基本型式

　　光纖感測器可分為光纖機能型、光纖傳輸線型與光纖拾波型等三種型式。如圖6-4所示，基本型式的光纖感測器。

2. 光纖感測器的特徵

　　光纖感測器具有下列的特徵：

　(1)　光纖本體（石英系）具有絕緣性、耐水性、耐酸性。

　(2)　多層、積體化。

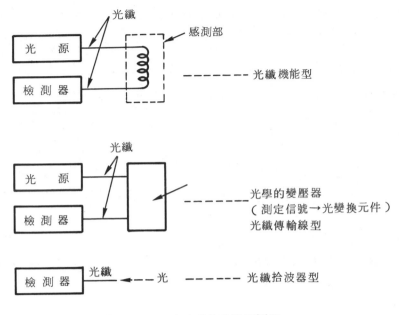

圖6-4　基本型式的光纖感測器

(3)　價格低廉。

(4)　安全堅固。

(5)　小型而且重量輕。

(6)　小型化、低功率化的電子線路。

(7)　耐電磁雜音性。

3. 光纖感測器的構成

　　光纖感測器的基本機能，則以機能轉換爲三大原則。

　　第一原則：感測器元件型與光纖的低損性、細徑性，方可傳輸機能。如表
　　　　　　　6-3所示，光感測器元件型、光纖感測器應用時，主要的物理
　　　　　　　效應及檢出量。

　　光散亂效應係指光纖的折射率變化，主要檢測光的強度變化。若觀測光散
亂強弱時，在普通狀態，其光散亂效應較弱；若在光纖急激彎曲，其光散亂效

表6-3　光感測器元件型、光纖感測器應用之物理效應

傳　　輸　　的　　變　　數			光　自　身　的　變　化	
物理效應	檢　　　　　　測　　　　　　量		物理效應	檢　　測　　量
光彈性效應	壓力、音響、溫度、流速、加速度		都卜勒效應	速　度
光散亂效應	振動、音響		光散亂效應	濃度、溫度
光慣性效應	光、輻射性		分光吸收效應	化學量
法拉第效應	磁場、電流		Sagnac 效應	廻轉（角速度）

應較強。

　　光彈性效應係指利用光纖的折射率或尺寸變化、檢測溫度‧壓力，並且觀測光的相位變化，能知其光彈性效應。

　　第二原則：光感測器傳輸路型具有光纖的細徑性與資訊容量大，其利用光纖本來的機能組合各種光電元件，以開發實用化的光感測系統。

　　表6-4所示光纖感測路型應用在主要的光轉換元件與檢出量時，具有下列優點：

表6-4　光纖感測傳輸路型應用在主要的光轉換元件與檢出量

光　轉　換　元　件	檢　　　　　出　　　　　量
液晶	溫度、壓力、振動
半導體膜	溫度、折射率、透過率
pockels 元件	電場、電壓
法拉第元件	磁場、電流
光彈性元件	壓力、溫度、歪斜、音響
螢光物質	輻射線
光遮斷線路	變位、振動、回轉
電子線路	電磁場、其他

(1)　電子線路的小型化。

(2)　低功率化。

(3)　光纖的大容量化。

(4)　耐電磁雜音化。

(5)　光纖與光電元件組裝容易、複合化、智慧化的電子技術。

第三原則：光感測系統型，利用光的相位及偏波面的變化方法，能夠取得
高感度的光纖感測系統。

今後利用高科技的光 IC 技術來開發一體化的光線路、光 IC 系統及科學技術檢測、遙控檢測、光自動控制、防盜防災系統、環境資源、醫療衛生、通信資訊、傳輸等範圍。

6-4　光纖感測器的方式

光纖感測器的研究有許多應用範圍，但是其中以溫度、壓力、振動、音響、輻射線、電機、磁氣、電磁波、光等為多。

表 6-5 所示光纖感測器檢測對象、利用現象、檢出方式及感度等相關係表。

表 6-5　光纖感測器檢測對象相係表

檢測對象	利用現象	檢測方式	感度
電壓	電位上光路長變化	干涉	μV
磁場	磁位上光路長變化 法拉第效應的安培法則	干涉 偏光	$10^{-8} G(AC)$, $10^{-4} G(DC)$ $MA \sim mA$
溫度	光路長變化 複折射變化 黑體輻射 拉曼散亂	干涉 偏光 光強度大小 光強度	$10^{-4} k/m$ $10^{-2} k/m$ $1 \sim 10k$ $5k$
歪斜、壓力 音波／振動 變位	光路長變化 複折射率化 微彎曲的光損失	干涉 偏光 光強度	$10^{-7}/m$, $0.02 \, pa/m$ $10^{-5}/m$ $1 \mu m$

表 6-5 （續）

檢 測 對 象	利　用　現　象	檢 測 方 式	感　　　　　　度
角　速　度	沙尼亞克效應	干　涉	0.1 deg/h
濃　　　度	臨界面變化	光強度	0.1 %
成　　　分	折射率變化	光強度	1 %
液　　　位	Fresnel 反射 殼模損失	光強度 光強度	1 mm 1 mm
輻　射　線	光吸收	光強度	—
光　頻　率	空間的同頻傳輸	多重反射干涉	0.1 MHz
光　強　度	螢　光	光強度	—

6-5　光纖感測器的應用實例

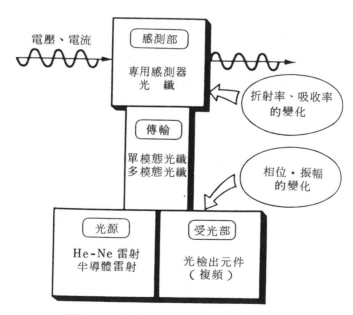

圖 6-5　光纖感測器檢測電壓、電流概略圖

　　最引人注目的利用光或雷射與電壓、電流感測器能夠在高壓下檢測大電流而開發成功的雷射變流器。接著導入光纖與電壓、電流感測器組合的檢測器，解決不少缺點技術。日本積極研究開發直流至光波領域、廣域光譜的各種光纖感測器。此節舉例光纖感測器檢測電壓、電流之應用。

　　圖6-5所示光纖感測器檢測電壓、電流概略圖，它完全應用光纖的原理構成，感測部係由專用感測器與光纖組合。可是感測器必要具有光纖本身的參數隨著電壓、電流變化或者專用的電氣‧磁氣──光效應材料等兩個條件。光纖感測器的基本原理或應用光的變頻效應，係與電壓、電流（磁場）隨著光纖的折射率、損失等變化而且影響其特性，由於這種結果，能夠檢測光相位的變頻或振幅的變頻之特性。

6-5-1　電壓感測器

　　表6-6所示專用感測器，它應用Pockels效應、Kerr效應、電壓大小與複折射相互依存，產生異方性的折射率，還利用電氣光學效應材料變化為中心，形成特殊的專用感測器。主要的電氣光學材料如表6-7所示電氣光學定數γ。因為電氣光學效應的大小係與電氣光學定數γ、折射數三次方、電場強度成正比，但它與光波長成反比。由表6-7可知，LiLbO$_3$（鈮酸鋰）及LiTaO$_3$（鉭酸鋰）結晶之γ較大而且較穩定，乃倍受歡迎使用的材料。

表 6-6　電壓感測器

原　　　　理	構　　　　成	測定範圍、感度	光　　　纖	備　　　　註
電氣光學效應（pockels 效應、kerr 效應）	光變頻器（結晶、偏光元件）	100～2000（伏特）（RMS）0.5～20kV 精確度±3%以下	多模態光纖（長度：22公尺）	‧複折射效應形成光的振幅變頻 ‧絕緣阻抗～15 MΩ
電氣的回轉（偏波面回轉）	水晶 偏光元件	3.83×10^{-6} rad/V	多模態光纖（長度：22公尺）	

表6-6 （續）

原　　　　　　理	構　　　成	測定範圍、感度	光　　　纖	備　　　　　註
Franz-Keldish（吸收端移動）	半導體元件		多模態光纖（長度：22公尺）	・光吸收 ・波長依存性大
電歪效果（正電效果）	光纖繞在圓筒狀的壓電元件上		單模態光纖	・利用參考光產生干涉特性檢測相位 ・共振感度增大
發光元件	・變流器 ・發振器 ・發光二極體	2000kV（使用阻抗分壓器）	多模態光纖	・反應速度：10ns以下 ・供電有問題

表6-7 電氣光學效應的大小

材　　　　　　料	電　氣　光　學　定　數
	pockels效應（×10^{-12} m/V）
KH_2PO_4	$r_{63}=-10.5$
$LiNbO_3$	$r_{33}=32.2$
$LiTaO_3$	$r_{33}=33$
SiO_2（水晶）	$r_{11}=-0.47$　（以上，波長＝6330Å）
	Kerr效應（×10^{-7} cm^{-1}・e,E^{-2}）
$C_6H_5CH_3$（硝基苯）	396
CS_2（二硫化碳）	3.55　（以上，波長＝5460Å）

　　圖6-6所示pockels變頻型電壓感測器利用pockels結晶構成電壓感測器之例。它使用多模態光纖，光源是He-Ne雷射或半導體雷射，結晶是$LiTaO_3$或$LiNbO_3$材料；結晶的尺寸大小變化，以作調整感度，必要防止結晶的絕緣破壞。如實驗例，電極間隔30mm時，耐壓在21kV以下，由此可知pockels結晶的電壓感測器具有水晶對光的透過率極高，物理性或化學性非常穩定。

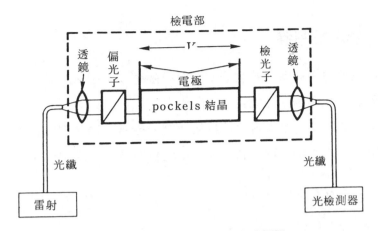

圖6-6　　Pockels變頻型電壓感測器

　　圖6-7所示電壓元件型電壓感測器。其感測器製作法，將圓筒狀的ＰＺＴ振動子繞上5〜10圈的單模態光纖。ＰＺＴ振動子加入電壓後，光纖的伸縮、應力而產生折射率的變化，則光傳輸的相位變化（或頻率數變調）現象，即可檢測出訊息。目前積極開發利用這種方法對超高壓發電廠內作遙測儀或控制系統研究技術。

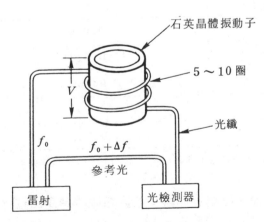

圖6-7　　電壓元件型電壓感測器

6-5-2 電流感測器

　　電流感測器應用磁氣光學效應（法拉第效應）及磁氣歪效應。電流感測器由發光二極體、變流器、分壓器等元件組合。

　　電流感測器利用光纖本身的法拉第效應而開發成功之例。如表6-8所示材料的法拉第效應之大小（V_d：常數），由法拉第效應可求出偏波面回轉角 θ：

$$\theta = (H l) \times V_d \quad \cdots\cdots\cdots\cdots\cdots\cdots\cdots\cdots\cdots\cdots\cdots\cdots(1)$$

但是　　　θ：回轉角

　　　　　H：磁場強度

　　　　　l：相互作用長度（cm）

　　　V_d：材料的法拉第效應之大小

表6-8　法拉第效應之大小　　　　（波長＝5890Å）

材　　　　料	V_d（min/cm-O_e^*）或（min/gauss-cm）
SiO_2（水晶）	0.0195
玻　璃	0.019
H_2O	0.0131
重火石玻璃	0.106
CS_2	0.0426
ZnS	0.226

＊ $1O_e$（奧斯特）＝ $10^3/4\pi$（A/m）‥‥‥‥磁場強度的單位

　　表6-9所示電流、磁場感測器。電流感測器應用法拉第效應及磁歪效應的原理而構成圖6-8、圖6-9之代表例。

　　圖6-8所示法拉第效應型電流感測器，圖中的光纖變流器使用單模態光纖，能夠檢測高電壓輸配電線之電流。

　　圖6-9所示磁歪效應型電流感測器。圖中的單模態光纖圍繞在磁性體膜上

表6-9　電流、磁場感測器

原　　理	構　　成	檢測範圍、感度	光　　　纖	備　　　註
	光纖‧感測器（單模態）	$50 \sim 1200A$ 信號對雜音比：$85dB$（1KA時）	線圈半徑：$2.5cm \sim 15cm$ 長度：$10 \sim 30cm$	反應頻率＞1kHz 精確度：0.24%
法拉第效應	光纖‧感測器（單模態）	$0.2 \sim 2000A$ $0.25\,mrad/A$	線圈半徑：30cm	
	法拉第元件、偏光元件		單模態	
磁歪效應	附上磁性膜的單模態光纖	$5 \times 10^{-12}G$	長度：1km	Ni-CO膜：13μm 厚

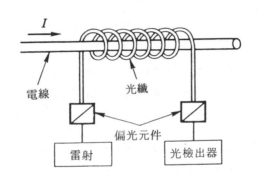

圖6-8　法拉第效應型電流感測器

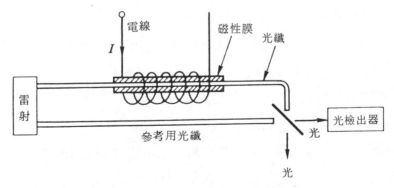

圖6-9　磁歪效應型電流感測器

，構成電流感測器，磁性體膜厚度約為 $10\,\mu m$ ，長度約數 cm～數 10cm為佳。如果鎳鈷膜的厚度 $13\,\mu m$ ，光纖 1 km圍繞在鎳鈷膜上，光的波長 $1\,\mu m$ ，可以檢測出磁束密度 5×10^{-12} Wb/m² 之值。

習 題

1. 光感測器有那些區分及特性？

2. 光感測器依其波長感度有那些分類？

3. 光感測器依空間檢測有那些分類？

4. 光纖感測器可分為那些基本型式及試繪圖？

5. 光纖感測器具有那些特徵？

6. 何謂「光散亂效應」及「光彈性效應」？

7. 述論光纖感測器的機能轉換之三大原則？

8. 述論光纖感測器檢測電壓、電流的特性與影響？

9. 電壓感測器應用那些特性？電氣光學材料的電氣光學效應的大小與那些因素相關係？

10. Pockels變頻型電壓感測器之製作法及圖示？

11. 電歪元件型電壓感測器之製作法及圖示？

12. 電流感測器應用那些效應及元件組合？利用法拉第效應求出偏波面回轉角 θ 之公式與圖示電場、磁場之方向？

13. 試繪圖法拉第效應型電流感測器及磁歪效應型電流感測器？

14. 基本型式的光纖感測器應用在那些實驗研究？

15. 光纖感測器檢測電壓、電流之電路上，為何光源使用 He-Ne 雷射？若光源使用CO_2雷射，有何影響？

16. 基本電學的交直流電檢測與光纖檢測、光電檢測、光感測器檢測有何不同特性？

第七章

光纖應用檢測裝置與實用

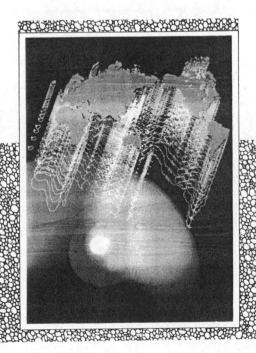

7-1　前　言

　　第四章雷射檢測基本型式至第六章光感測器基本型式有詳細述論。本章著重於雷射・光纖應用檢測裝置實用例，並且配合光電纜將取代銅線電纜時代來臨，也納入本章節內說明其特性。檢測裝置與實用例，對初學者或研究技術者有頗大研究實驗參考之幫助。

7-2　光電纜的種類

　　如圖7-1所示光電纜的種類有①LAP系列光電纜、②CM系列光電纜、③光纖複合架空地線（OPT-GW）、④非金屬光電纜、⑤本身支持型架空光電纜、⑥船舶用光電纜、⑦48蕊心無給電型光電纜、⑧48蕊心給電型光電纜、⑨海底光電纜、⑩平型光纖複合橡皮絕緣軟電纜等。

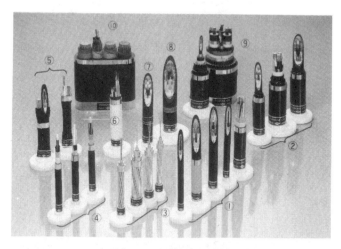

圖7-1　光電纜的種類

　　目前常用或被敷設使用例之構造如下：

1.　電力複合光電纜

如圖7-2所示，600V-CV和6蕊心光纖組成的電力複合光電纜。光纖是絕緣體也沒有誘導雜音的問題。

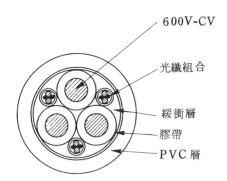

圖7-2　電力複合光電纜（ $\frac{600V\text{-}CV}{光纖：6蕊心}$ ）複合

2. 光纖複合架空地線（OPT-GW）

如圖7-3所示光纖複合架空地線（OPT-GW）之構造。

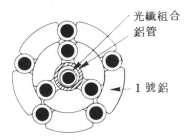

圖7-3　光纖複合架空地線

3. 本身支持型架空光電纜

如圖7-4所示本身支持型架空光電纜。

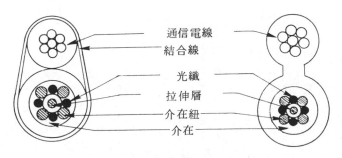

圖7-4　本身支持型架空光電纜

4. 海底光電纜

如圖7-5所示海底光電纜，它具有廣頻率寬、低損失大容量、靭性強固等特性，將會代替傳統性銅電纜。

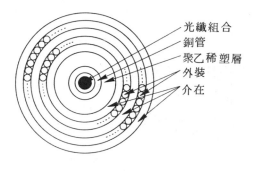

光纖組合
銅管
聚乙稀塑層
外裝
介在

圖7-5　海底光電纜

5. 平行光纖複合橡皮絕緣軟電纜

如圖7-6所示平行光纖複合橡皮絕緣軟電纜。

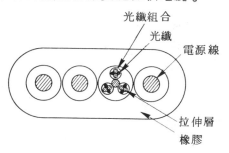

光纖組合
光纖
電源線
拉伸層
橡膠

圖7-6　平行光纖複合橡皮絕緩軟電纜

6. 移動用光電纜

電源線
光纖電線
拉伸層
信號線
膠帶
PVC或橡膠

光纖電線	2蕊心	
電源線	2蕊心	複合
信號線	1對	

圖7-7　移動用光電纜

如圖7-7所示移動用光電纜。因為光纖具有細徑、可撓性、廣頻率寬及柔軟性等特徵，可適用於移動用光電纜。

7-3 光電纜的處理方法

光電纜的處理方法可分為搬運、保管、敷設張力、敷設後張力等四大因素。

1. 搬　運

光電纜搬運處理大致與銅電纜相似，不同之處，特別嚴禁不能直接落到地面。

2. 保　管

光電纜保管處理大致與銅電纜相似，不同之處，特別在光電纜的兩端末要覆套密封，主要防止濕氣浸入。

3. 敷設張力

決定光電纜的最大容許張力，特別注意敷設時，只允許張力的範圍內。

4. 敷設後張力

光纖長期間敷設，必要考慮其張力；敷設後更必要考慮開放張力。

7-4 光電纜的管路敷設

7-4-1 光電纜的敷設張力之推定方法

1. 直線部的敷設

如圖7-8光電纜斜度敷設時，θ_1是傾斜角度，以直線路徑敷設時，電纜頭端的張力T_2，其T_2係指電纜和管路的摩擦力及電纜自重，可計算出T_2公式：

$$T_2 = \omega \times l\,(\sin\theta_1 + \mu\cos\theta_1) + T_1 \quad\cdots\cdots\cdots\cdots\cdots\cdots(1)$$

但是　　T_1：敷設張力（kg-f）

ω：1公里的光電纜重量（kg/km）

l：敷設長度（km）

μ：光電纜和管路間的摩擦係數（一般以0.5計算）

θ_1：路徑的傾斜角度

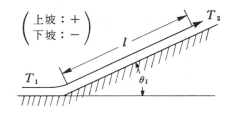

$$\begin{pmatrix} 上坡：+ \\ 下坡：- \end{pmatrix}$$

圖7-8　光電纜斜度敷設

　若特殊的場合：

(1)　水平敷設（$\theta_1 = 0$）時

$$T_2 = \mu \omega l + T_1 \quad\cdots\cdots\cdots\cdots\cdots\cdots\cdots\cdots\cdots\cdots\cdots\cdots\cdots\cdots\cdots\cdots(2)$$

(2)　垂直敷設（$\theta_1 = 90°$）時

$$T_2 = \omega l + T_1 \quad\cdots\cdots\cdots\cdots\cdots\cdots\cdots\cdots\cdots\cdots\cdots\cdots\cdots\cdots\cdots\cdots\cdots(3)$$

2. 水平曲線部的敷設

　如圖7-9所示光電纜彎曲敷設。箭頭方向係指光電纜敷設時，彎曲部前後的張力為T_1、T_2之間關係式：

$$T_2 = K \cdot T_1 \quad\cdots\cdots\cdots\cdots\cdots\cdots\cdots\cdots\cdots\cdots\cdots\cdots\cdots\cdots\cdots\cdots\cdots(4)$$

$$K = \exp(0.0175\mu\theta_2) \quad\cdots\cdots\cdots\cdots\cdots\cdots\cdots\cdots\cdots\cdots\cdots\cdots(5)$$

T_1：曲線部開始彎曲前的張力（kg-f）

T_2：曲線部通過後的張力（kg-f）

θ_2：彎曲角度（度）

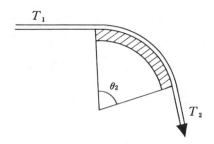

圖 7-9　光電纜彎曲敷設

由表 7-1 所示彎曲角度和 K 的關係，例 $\mu = 0.5$，$\theta = 90°$ 時，$K = 2.19$ 之值。若使用滑車時，$\mu = 0$，$\theta = 90°$ 時，則 $K = 1$ 之值。

表 7-1　彎曲角度和 K

角　度　(θ_2)	滑　車　($\mu = 0$)	彎 曲 工 具 ($\mu = 0.5$)
0°	1.0	1.00
15°	1.0	1.14
30°	1.0	1.30
45°	1.0	1.48
60°	1.0	1.69
75°	1.0	1.93
90°	1.0	2.19
105°	1.0	2.50
120°	1.0	2.85
135°	1.0	3.25
150°	1.0	3.70

3.　複雜路徑的計算例

如圖 7-10 所示複雜路徑概略圖。光電纜重量 100kg／km 場合：

$T_0 = 5$（kg-f）滾筒回轉的張力（假設）

$$T_1 = 0.5\,(\mu) \times 100\,(\omega) \times 0.3\,(l) + T_0 = 20\,(\text{kg-f})$$

$$T_2 = T_1 = 20\,(\text{kg-f})$$

$$T_3 = 100\,(\omega) \times 0.2\,(l) + T_2 = 40\,(\text{kg-f})$$

$$T_4 = 2.19\,(\text{K}) \times T_3 = 87.6\,(\text{kg-f})$$

$$T_5 = 0.5\,(\mu) \times 100\,(\omega) \times 0.5\,(l) + T_4 = 112.6\,(\text{kg-f})$$

$$T_6 = T_5 = 112.6\,(\text{kg-f})$$

$$T_7 = 100\,(\omega) \times 0.4\,(l) \times (\sin 30° + 0.5\cos 30°) + T_6$$
$$= 150\,(\text{kg-f})$$

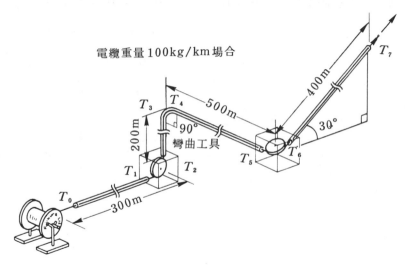

圖 7-10　複雜路徑的計算

7-4-2　敷設時張力的測定法

　　如圖 7-11 所示敷設張力測定法。張力儀取得 T_1，張開的角度 θ，光電纜的敷設張力 T 之公式：

$$T = \cfrac{T_1}{2\cos\dfrac{\theta}{2}} \quad \cdots\cdots\cdots\cdots\cdots\cdots\cdots\cdots\cdots\cdots\cdots\cdots\cdots(6)$$

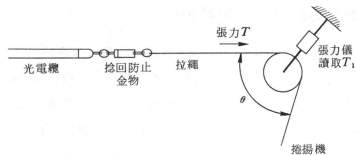

圖 7-11　敷設張力測定法

7-5　光電纜的損失

7-5-1　**Cut-Back法**

　　國際電信電話諮問委員會（CCITT）與國際電機標準會議（IEC）決議而訂定標準損失測定法，亦稱後向切斷法。

　　如圖 7-12 所示光損失測定法使用光損失測定用假設光纖和被測定接續光纖。在 B 點上測定的光功率 p_i，接續點起 2m 的 A 點切斷，測定的光功率 p_0。，則可求出光纖損失之公式：

$$\alpha \cdot l = p_0 - p_i \quad \text{……………………………………(7)}$$

或者
$$\alpha = \frac{1}{l} \left(p_0 - p_i \right) \quad \text{……………………………………(8)}$$

又　　$\alpha \cdot l$ 的單位：（dB）

　　　　α 的單位：（dB／km）

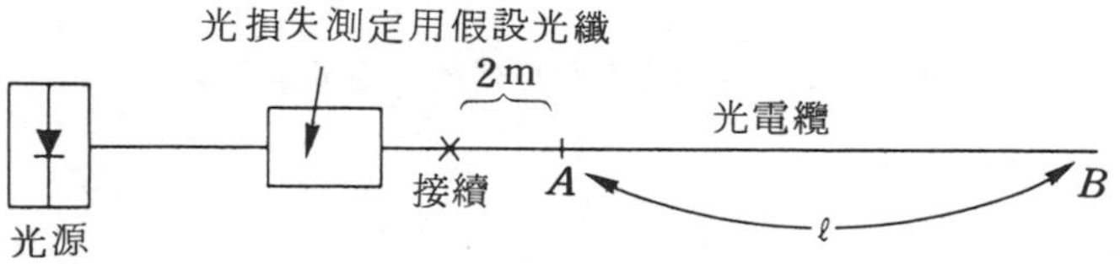

光損失測定用假設光纖

2m

光電纜

光源

接續　A　　　ℓ　　　　B

圖 7-12　光電纜損失測定

7-5-2 **Back-Scatter反向散射法**

國際電信電話諮問委員會（CCITT）與國際電機標準會議（IEC）決議採用後向反射法來代替後向切斷法。因為後向散反法測定值較後向切斷法測定值更正確，則精確度極佳。如圖7-13所示光纖至反射光的實例及如圖7-14 *A* 點至 *B* 點的反射光之間，其傳輸時間的特性。可由示波器觀測散射光可以知其光纖各接續點的損失。

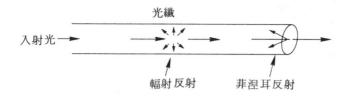

圖7-13　光纖至反射光的實例

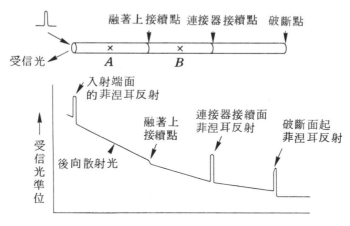

圖7-14　受信光準位與傳輸延遲時間特性

7-6　光纖通信的構成

　　雷射具有相干技術應用於光纖通信與空間傳輸光通信，還可以檢測光相位訊息，如圖7-15所示相干光傳輸方式。

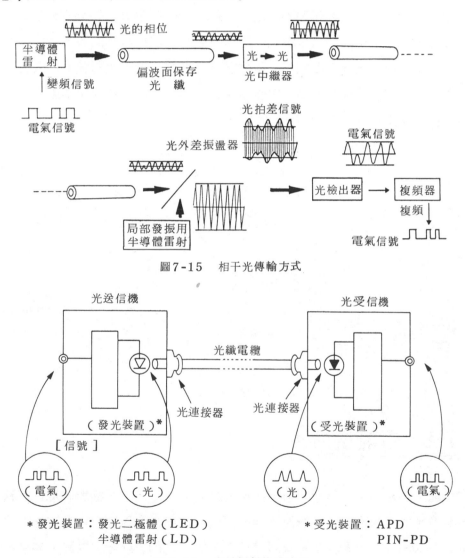

圖7-15　相干光傳輸方式

圖7-16　光纖通信的構成圖

　　圖7-16表示光纖通信的構成概略圖。光送信機係將電氣信號轉換為光信號及光受信機將光信號轉換為電氣信號等特性。

7-7　雷射印表機

　　如圖7-17所示雷射印表機構成圖。雷射光源使用 He-Ne 雷射或半導體雷射，雷射光經由光變頻器及電腦輸入印刷資訊的點滅信號至回轉多面鏡照射感光圓筒上，經由感光圓筒回轉著，將碳粉至現像器，受光照射部份地方卽可附著碳粉，感光加熱後能使印出其字體，它具有高速、高品質的印字裝置，方可印寫中文、英文、圖形等功能。

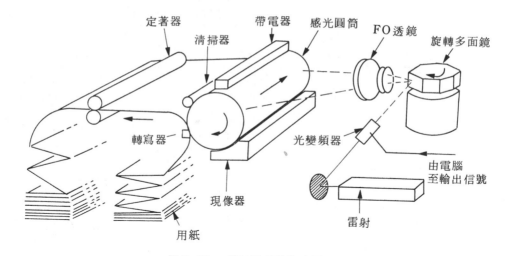

圖7-17　雷射印表機概略圖

7-8　雷射掃描機

　　如圖7-18⒜、⒝所示雷射掃描機的動作原理。雷射掃描機應用雷射圖（記錄照像光的振幅和相位的資訊）而掃描收束雷射光的裝置。超級市場 POS（point-of-sale、販賣時點資訊管理）系統，能夠自動記帳或點貨等多用途，具有省人力、省時間又快速自動總結帳等功能。

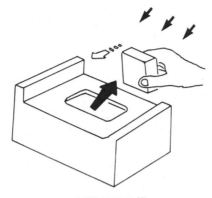

(a)雷射掃描機

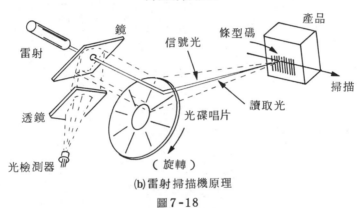

(b)雷射掃描機原理

圖7-18

7-9　定偏波光纖感測器

定偏波光纖感測器具有下列特徵：

(1)　長距離方能保持傳輸光的偏波面。

(2)　利用偏光、相位特性能夠應用在各種光纖感測器。

(3)　低損失

(4)　相干通信能夠實現大容量的傳輸通信。

它被應用例如下：

(1)　光纖陀螺儀。如圖7-19。

(2)　應變檢測儀。如圖7-20。

(3) 流量、流速儀。

(4) 振動檢測器。

(5) 其他各種感測器。

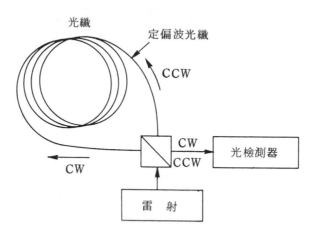

圖7-19　光纖陀螺儀

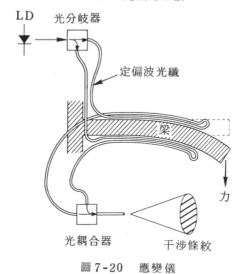

圖7-20　應變儀

7-10　光自動接合器

如圖7-21所示雷射電流檢測系統。光自動耦合器係由LED、PD及光纖

組合的裝置。它具有下列特徵：

(1)　簡單電氣線路組合光自動耦合器可傳輸光信號。

(2)　傳輸任意的類比、數位信號。

(3)　適合湧激電壓等直接光轉換。

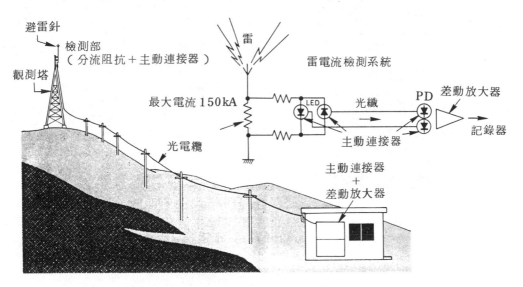

圖7-21　雷電流檢測系統

7-11　教育用影像傳輸系統

光通信時代即將來臨，先進國家積極研究開發光電視聽、影像傳輸教學輔助系統，傳達資訊又快，節省人力、時間，產生不少多功能的教育用影像傳輸系統。如圖7-22所示，教育用影像傳輸系統。

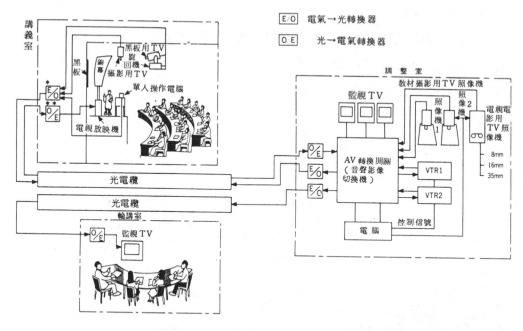

圖 7-22　教育用影像傳輸系統

習　題

1.　光電纜可分爲那些種類？

2.　光電纜被敷設使用有那些構造？

3.　述論光電纜的處理方法有那些四大因素？

4.　述論光電纜的敷設張力有那些推定方法？

5.　述論光電纜的損失測定，可分爲那些方法？

6.　述論繪圖雷射掃描機之特性？

7.　定偏波光纖感測器具有那些特徵與應用？

8.　光自動耦合器具有那些功能？

9.　光纖系統應用在通訊系統上，短距離和長距離系統之設計方面必須考慮那些因素？

10. 光纖系統上在光學方面、機械方面、電機方面、環境方面有那些特性會影響其特性？

11. 雷射印表機和一般印表機有何不同特性及其優點？

12. 雷射印表機內有一個旋轉多面鏡有何功能？

13. 雷射印表機的光源使用He-Ne雷射，為何？

14. 雷射印表機為何光源不使用CO_2雷射、鈥雷射？

第八章

雷射應用技術與檢測

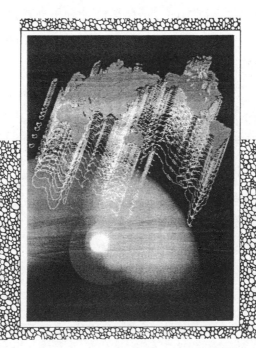

8-1　前　言

　　雷射具有優異的高度方向性、高亮度、高度相干性及高度單色性，能使它在工業、商業、國防、軍事、通信等多方面的廣域應用。有關於雷射的特性、原理、種類等，請參照第一章內有詳述。例如雷射應用光纖、光電元件、光感測器、數學、物理、電工學、機械流力、材料、高壓放電、電子學等基本知識。更配合光電檢測技術，作為電流、電壓、溫度、振動、流速、長度、轉速、磁場、電場等方面的精密量測，另外可用於精密照準，測距與定位技術。

　　雷射應用技術逐漸廣域開發研究，僅選擇較實用，且著者有研究過的例子列入本章節內述論，給予初學者、研究者共同研究討論。實用例子有雷射精密測長、測距、測速、測量加工、通信等，並且加以闡述，主要目的是能夠瞭解雷射不同特性與不同應用。雷射有優異的高度單色性被應用於雷射精密測長及測速技術領域。優異的高度方向性、單色性被應用於雷射照準技術領域。優異的高亮度被應用於雷射加工技術領域。另外，雷射優異的高亮度、方向性被應用於雷射通信、測距技術。

8-2　雷射精密測長應用技術

　　雷射檢測長度、距離技術可分為三種方法。第一種方法：利用雷射光的干涉性，其利用雷射本身的頻率，可在數公尺範圍內，檢測出 μm 以上的精密度。第二種方法：利用Q開關雷射發射光照至目標物之往返時間，方可檢測距離。第三種方法：利用連續發振雷射照射目標物之往返時間，即能檢測距離。其利用變調頻率，可在數公里範圍內檢測出公分的精密度，如表8-1比較雷射精密測長、距離的檢測法。

　　雷射精密測長技術主要利用雷射光的干涉性，著者經過數年研究與比較之下，使用He - Ne雷射為最理想光源，因它具有穩頻裝置、單色性好，可達至

表 8-1　比較雷射精密測長、距離的檢測法

種　　　　類	光　　　　　　　　　　　源	檢測範圍	精　密　度
雷射干涉性精密檢測	He-Ne 雷射（單一頻率）	數　公　尺	0.2～1 μm
雷射雷達測距	Q 開關雷射	約 10 公里	± 5 公尺
變頻測距	He-Ne 雷射	數　公　里	約 1 公分

幾十公里的最長相干長度及高亮度，能讓研究實驗者或使用者觀測清晰而記錄方便等特徵，確實能滿足精密測長、測距之要求條件。

8-2-1　精密測長器的工作原理

如圖 8-1 所示邁可爾生干涉儀（Michelson interferometer），可求出干涉光強度之公式：

$$干涉光強度 = \left(\frac{A^2}{2} \right) + \left(\frac{B^2}{2} \right) + A \cdot B \cos \left(\frac{2\pi}{\lambda} \cdot \Delta l \right) \cdots\cdots\cdots(1)$$

但是

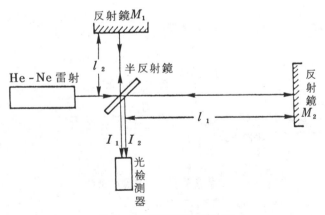

圖 8-1　邁可爾生干涉儀

$A \cdot B$：分割的光束振幅

Δl：光路差

λ：雷射光的波長

半波長的奇數倍數爲暗的部分；半波長的偶數爲明的部份。

如圖8-2所示雷射精密測長器的原理圖。依圖而言，主要結構可分幾個部份，其工作原理概述如下。結構部份可分爲雷射光源、邁可爾生干涉儀、移動台、光電檢測器。

(1) 雷射光源：使用單模態穩頻He-Ne（氣體雷射）、輸出波長爲6328Å之紅光。

(2) 邁可爾生干涉儀：包括半透明鏡、固定反射鏡M_1（光束1）、固定反射鏡M_2（光束2）裝置，經由光束1與光束2而產生干涉條紋。

(3) 移動台：包括移動鏡（三面直角稜鏡或稱三稜鏡），檢測物體作爲平衡調整干涉條紋移動。

(4) 光電檢測器：包括光電計數器、光電顯微鏡、顯示記錄器作爲干涉條紋的移動進行計數及記錄干涉條紋移動的條數或者對應的長度。但是，光電顯微鏡的應用極多，此處作爲檢測物體，分別給出開始信號和終止信號。

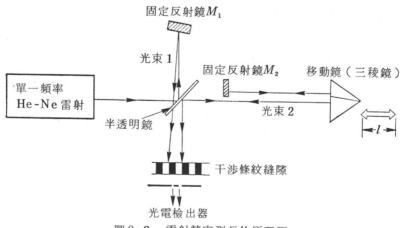

圖8-2 雷射精密測長的原理圖

　　再由圖8-2所示，雷射光束路徑到達半透明鏡後，被分割成兩道光束路徑（光束1及光束2），光束1經過固定反射鏡M_1反射回來；光束2經過移動鏡、固定反射鏡M_2反射回來，此兩道光束再經過半透明鏡後，產生干涉條紋。光束1路徑不變時，但是，光束2路徑隨著移動鏡、固定反射鏡的移動而改變光束路徑。移動鏡僅移動長度l時，雷射光束$2l$的往返，換句話產生$4l$的光路徑變化，光電檢測器內計數N，移動距離l之間所成立的關係方程式：

$$l = \left(\frac{\lambda}{4}\right) \times N \cdots\cdots\cdots\cdots\cdots\cdots\cdots\cdots\cdots\cdots(2)$$

　　　l：移動距離

　　　λ：雷射的波長

　　　N：光電檢測器內計數

由(1)式、(2)式上可獲知：

(1)　當兩道光束的光路徑差，半波長為奇數倍時，其相互抵消，則顯示出暗條紋。

(2)　當兩道光束的光路徑差，半波長為偶數倍時，其相互增強，則顯示出明條紋。

　　如果，每移動半波長$\left(\frac{\lambda}{2}\right)$之長，光束2的光路徑改變了一個波長$\lambda$，干涉條紋產生一個週期性的明、暗變化。如圖8-3(a)、(b)、(c)所示干涉的情形及干涉條紋。

　　假若不考慮計數之誤差，由(2)式測長L與測量絕對誤差Δl之相對誤差之關係方程式：

$$\frac{\Delta l}{L} = \frac{\Delta \lambda}{\lambda} \cdots\cdots\cdots\cdots\cdots\cdots\cdots\cdots\cdots\cdots\cdots(3)$$

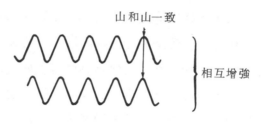

山和山一致

相互增強

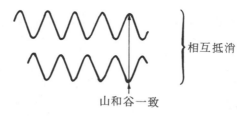

相互抵消

山和谷一致

(a)干涉的說明

光源：Ar⁺雷射
波長：4880 Å
(b)干涉條紋

光源：Ar⁺雷射
波長：4965 Å
(c)空氣與物體的干涉條紋

圖 8-3

Δl：$\Delta \lambda$ 引起的 L 測量絕對誤差

$\Delta \lambda$：雷射波長的變化

例 假若要求雷射波長在 1.0 m 範圍內，由於波長不穩定所引起的測量誤差 ≫ 0.1 μm，試求雷射波長的穩定度之值？

解 $\lambda = 1\,\text{m}$　　$\Delta\lambda = 0.1\,\mu\text{m}$

由(3)式

$$\therefore \left|\frac{\Delta\lambda}{\lambda}\right| = \frac{0.1\,\mu\text{m}}{1.0\,\text{m}} = \frac{0.1\times10^{-6}\,(\text{m})}{1.0\,(\text{m})} = 10^{-7}$$

由(3)式及例題而知，其關係方程式改為

$$\left|\frac{\Delta\lambda}{\lambda}\right| = \left|\frac{\Delta\nu}{\nu}\right| \quad\text{.......................................(4)}$$

　ν：頻率

　$\Delta\nu$：頻率的變化

若頻率不穩定產生誤差，影響干涉條紋計數的誤差，所以精密長度檢測也會產生一系列的檢測誤差，總歸而言，特別要求雷射頻率穩定之穩定度。

8-3　雷射測距應用技術

於三十年前，利用物理測距方法製成的光電測距儀，它被應用於地面目標之間距離測量，其特性會受到限制，豈未能受到引人注目。直至六十年代初期，雷射逐漸發展起來，更被推動雷射測距儀的研究開發，已經邁入實際應用階段。

雷射測距儀較微波測距儀為佳，它具有優異的特性，其重量輕、體積小、保密性佳、探測遠距離、測距精密度高、抗干擾性強、往返頻率高等特性。目前先進國家積極研究開發雷射對宇宙探測技術進行地球與月球距離，人造衛星與地球、月球之間距離，大氣污染及氣象用雷射雷達而製造成功的雷射測距儀

。另外，美國數年前提倡開發「ＳＤＩ星際大戰——雷射光電系統摧毀飛彈航程系統」之計劃，聯合英國、日本、法國共同研究光電系統此項計劃。

如表8-2所示雷射測距按測程可分為短程、中程、遠程等三種雷射測距儀。

表8-2　雷射測距程距離

種　　　　類	測　程　距　離	應　　　　　　　　　　　　用
近程雷射測距儀	5公里以內	土木、建築、水壩、隧道、工程測量、其他
中程雷射測距儀	5公里～45公里	地震預報、大地控制測量
遠程雷射測距儀	45公里以上	人造衛星、飛彈導航、月球等空間目標的距離

按本章的第8-2節第二種、第三種方法而論，雷射測距係為通過檢測雷射光束在待測距離上往返傳播的時間，予於換算出距離，則換算公式為

$$d = \frac{1}{2} C t \quad\cdots\cdots\cdots\cdots\cdots\cdots\cdots\cdots\cdots\cdots\cdots\cdots\cdots\cdots\cdots\cdots\cdots\cdots(5)$$

d：檢測距離

C：雷射在空氣中傳播的速度（已知其值）

t：雷射在待測距離上的往返傳播時間（檢測之量值）

依據(5)式求知檢測距離，若按傳播時間 t 之測量方法，則測量方法可分為脈波測距法及相位測距法等兩種方法，概述如下：

第一種脈波測距法：測距儀發出雷射光脈波射至被測目標反射後，光脈波又回到測距儀接收系統，主要檢測發射和接收光脈波的時間間隔，亦是光脈波在待測距離上的往返傳播時間 t，它被應用於測量工程與軍事範圍。

第二種相位測距法：通過測量連續的光波在待測距離上往返傳播所發生的相位變化，間接測量的時間 t，它被應用於在大地與測量工程範圍。

目前，雷射測距儀有紅寶石雷射（ ruby laser ）、釹玻璃雷射、 CO_2 雷射、半導體雷射等。一般性，近距離的測距儀使用半導體雷射；遠距離的測距儀使用脈波光源的固體雷射。

8-3-1　雷射雷達測距裝置

如圖8-4所示雷射雷達測距概略圖。光源是 Q 開關雷射，則應用於第一種脈波測距法，能求出時間差之裝置。

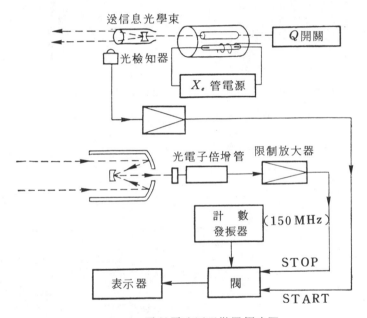

圖8-4　雷射雷達測距裝置概略圖

8-3-2　攜帶型雷射測距裝置

如圖8-5所示攜帶型雷射測距裝置。它利用雷射的脈波光發射照準目標位置，經由送信息光學系至光檢知器可得電氣脈波信息。雷射的脈波光每秒 3×10^8 m之往返速度，相當於 1 秒間速度有 1.5×10^8 m距離，參照如表8-3所示NEC - SLD 2002 攜帶型雷射測距裝置。

圖 8-5　携帶型雷射測距裝置（NEC-SLD 2002 型）

表 8-3　携帶型雷射測距（NEC-SLD 2002 型）

	應用範圍	
1	測距範圍	$100\sim500$ m，$300\sim8000$ m（2 lens）
2	測距精度	±10 m
3	讀取精度	5 m
4	雷射光源	紅寶石 Q 開關雷射
5	測距限制	$300\sim3000$ m 連續可變
6	重量	約 10 kg
7	電源	電池 24 伏特或 AC 110 伏特
8	尺寸	$240\times188\times346$ m m
9	其他	附置控制電路及目標選擇

8-4 雷射測速應用技術

　　雷射測速屬於一項新科技，它應用雷射的都卜勒效應（Doppler effect）來測量流體的流速、固體的流速、醫療的血液及鋼鋁的滾壓速度、宇宙航空器的噴射氣流速度及水流的速度分佈等技術。

　　雷射測速儀與一般測速儀互相比較，具有四項特徵：

(1)　絕對測量、測速精確不用再校準。

(2)　不必接觸測量物體，也不會影響測量物體的運動或物理量，更不會損害被測物體，係屬於非接觸性測量物體。

(3)　危險環境中，眞空中可直接地非接觸性測量物體的速度。

(4)　空間分辨率極高，測量區域極小，可進行逐點測量流速場的速度分佈與梯度。

8-4-1 液體流速的測量

　　如圖8-6所示液體流速概略圖。雷射發振頻率 f_0 與流速 v 之關係方程式爲

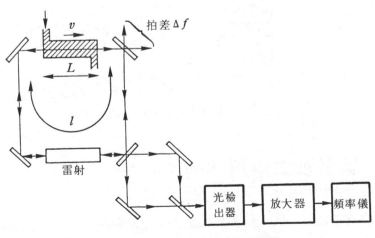

圖8-6　液體流速測定的原理圖

$$\Delta f = \frac{2vL}{c(nL+l)} \cdot (n^2-1) \cdot f_0 \quad\cdots\cdots\cdots\cdots(6)$$

8-5　雷射地震儀應用技術

利用這種方式係與本章的8-2節雷射精密測長技術的原理上都有概述。著者在日本研究開發應用技術，曾利用He-Ne雷射或Ar⁺雷射對地震、外面車駛動過、人走動情形，利用在地道內及研究室內檢測其振動記錄。如圖8-7所示的雷射地震儀檢測概略圖，將此儀器設置在堅固地道內，經由兩個鏡（M_1、M_2反射鏡）的反射光干涉現象，確實可測出非常微小變動的特性。另一種是在研究室內測定車駛動及人走動的特性，此種較爲簡單，利用Ar⁺雷射配合自製振動水晶片來記錄描繪遠近距離振動曲線。

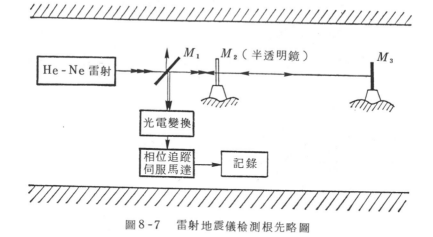

圖8-7　雷射地震儀檢測根先略圖

8-6　雷射加工應用技術

雷射光具有高度方向性且能量高又集中，經過聚焦裝置能使光斑點更集中縮小，獲得極高的功率密度，它的單位爲w／cm²。雷射光在短時間內對材料

熔化、汽化、蒸發溫度進行極熱加工，所以雷射加工可分為表面處理、穿孔、銲接、切割、去除修整、醫療等加工應用技術。

　　雷射加工比較其他加工法之特徵，參照第一章的1-7節之特徵。另外根據圖8-8所示雷射加工的基礎現象和加工種類，共列出九項特徵如下：

(1) 光斑點小，能量集中可獲得 $10^7 \sim 10^8$（w/cm^2）高功率密度，針對高融點材料、耐熱材料、硬脆材料加工。

(2) 極短時間內高能量密度加工時，對材料的熱歪、熱變形(或稱機械變形)極小。

(3) 非接觸性加工，工具摩耗極小，不會污染加工材料。

(4) 利用分光鏡分割多數光束，同時在不同場所位置上加工。

(5) 不受環境影響，所以加工環境的自由度非常廣域。

(6) 能夠穿過透光外殼對密封內的材料加工。

(7) 雷射光的ON或OFF操作簡單，容易配合電腦，CNC組合成自動化加工系統。

(8) 加工中不會影響發生X線，也不受電場、磁場之影響。

(9) 加工精確度極高，又非常經濟性。

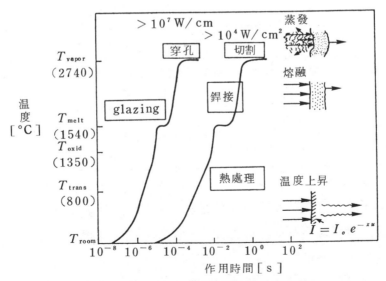

圖 8-8　雷射加工的基礎現象和加工種類

以上九項特徵，係由著者在日本、國內研究多年的心得，也曾在日本、國內發表氣體雷射、固體雷射非接觸性自動化系統對金屬、非金屬材料加工與製造超極微小平面透鏡等研究論文（日本電氣學會、中國工程師學會日本分會科技專輯、光學工程學會、國立雲林工專學報、機械技術等 16 篇有餘），將所得的經驗，祈願與先進專家、學者、初學者共同研究討論，以增知識，頗獲良益。

　　雷射光對材料加工，須依據材料特性而選擇雷射種類、功率大小、工作方式、聚焦裝置等，如表8-4所示雷射種類與實用化加工。

表8-4　雷射種類與實用化加工

種　　　　　類		波　　長	實　用　化　加　工	研　　究　　應　　用
氣體雷射	CO_2	10.6	加工（金屬、塑膠、材料、陶瓷）	電漿發生 物性研究
	Ar^+	0.51	印刷、製版	加工（紙、塑膠）
		0.49	醫用	物性研究
	He-Cd	0.44		物性研究
		0.33		印刷材料
固體雷射	YAG	1.06	精密加工（陶瓷、軸受、IC）	電漿發生（光源：染料雷射）
	glass	1.06	一般加工	電漿發生 物性研究
	Ruby	0.69	IC板加工	

　　雷射加工係針對光對非透明材料的熱作用，而且吸收光能量引起的熱效應。由於兩種因素影響第一種材料的反射、吸收和熱傳導因素，另一種雷射的光束特性影響。

　　圖8-9表示雷射配上光纖傳輸光束對鋼板切割實例及圖8-10表示雷射切

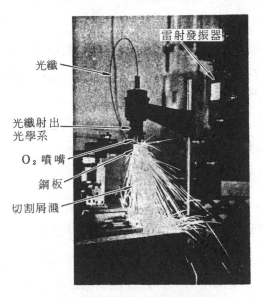

圖 8-9　雷射配上光纖傳輸雷射光束對鋼板切割實例

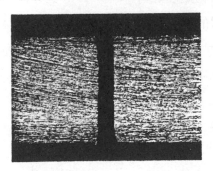

圖 8-10　雷射切割板厚 2 mm 鋼板的切斷面照片

割板厚 2 mm 鋼板的切割面照片。

習　題

1. 雷射檢測長度、距離技術可分爲那些方法？

2. 繪圖說明邁可爾生干涉儀精密測長器的工作原理？

3. 繪圖說明雷射精密測長器的原理及主要結構可分爲幾個部份？又如何產生明暗干涉條紋？

4. 雷射測距儀測程可分為那些種類及測程距離應用？

5. 雷射測距儀具有那些特性？

6. 雷射測距儀按測程可分為那些種類、測程距離及應用？

7. 雷射測距可分為那些方法及應用技術？目前雷射測距儀使用那些雷射及應用何測程範圍？

8. 雷射測速應用何種效應及應用範圍？

9. 雷射測速儀與測速儀有何不同特徵？

10. 雷射地震儀應用技術的原理及繪圖？

11. 雷射加工應用那些特性原理及應用？

12. 雷射加工與其他加工方法，具有那些不同特徵？

13. 雷射加工有那些種類及實用化加工、研究實用範圍？

14. 雷射波長在 $0.5\,m$ 範圍內，由於波長不穩定所引起的測量誤差 $\geqslant 0.1\,\mu m$ ，試求雷射波長的穩定度之值？

15. 利用 He - Ne 雷射的發振頻率 f_0 為 $190\,Hz$ ，若 Δf 為 $190\,kHz$ ， l 為 $1\,m$ ， L 為 $20\,cm$ ， $n = 1.33$ 時，試求水的流速之值？

16. 繪圖干涉條紋之亮區、暗區的電場與時間的相位波形以及檢測出的合成波形？

17. 如何拍攝干涉條紋之照片圖，拍攝時應注意那些事項？

18. 雷射加工和水刀加工有何不同特性及其優劣點？

19. 雷射加工具有那些特性及其優劣點？

20. 雷射加工在實驗時，應注意那些事項？

21. 雷射加工在未來的趨勢，朝著那些目標？

第九章

光電檢測應用技術實例
——全像術——

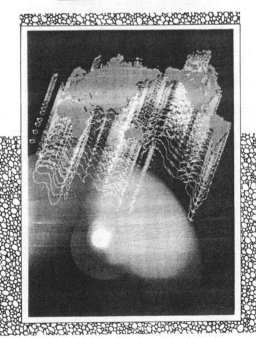

9-1　前　言

　　全像術亦稱全像照相術，它應用高度相干性的雷射光源、記錄介質來顯示影像技術，已使光學全像術發展成爲獨特優點新興的技術科學。自從雷射問世以來，全像術已經成爲雷射應用的一個重要領域，它與工業、醫學、電腦、國防、軍事、商業、美術、電視、電影及科學研究範圍內，都被廣泛應用，另外關於基本原理，也被應用於微波全像術與超聲全像術。

　　全像術與照相術在某些方面完全相似的，但是兩者之間還有許多不同之處。對於某些應用或用途上，全像術比照相術較適合，還有在某些空中光電拍照或光電檢測夜間航行拍攝技術等任務，幾乎採用效果極佳的全像術，達到完成任務，以取代普遍照相術完全無法完成艱鉅任務，接著概述某些不同特徵。

　　普遍照相術的基本原理是借以記錄一個像的二次元照度分佈。簡單而論，將照相乳膠（或稱底片）記錄來自物體、反射光體、發光體或輻射光、漫射體的每一點的光強度。若再討論，如圖9-1所示，每個物體由許多數量的發光體或輻射光的點子所構成。係由每一個基元點發出的光波射入到一個完整的光波中，構成所謂的物體光波，再將此種複合的光波經過透鏡方式進行轉換，給予聚合成發生物體的像，將此像記錄（或稱拍攝）到照相底片上之平面像。原物體上發光愈亮的部份，在 $P'Q'$ 負片上所反應的像點呈現黑，則知普通照相術

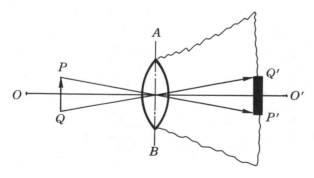

PQ：物點
$P'Q'$：底片的成像
AB：透鏡

圖 9-1　成像的基本原理

記錄光強，亦為僅記錄物光波的振幅，完全未記錄物光的相位等理論。

如圖9-2所示全像術的原理，圖(a)係指全像術記錄，圖(b)係指全像術再生（或稱再現）。全像術與普遍照相術不同之處，所言記錄並不是用光學方法形成物體之像，而是物體本身光波。物體光波是用一種方式記錄下來，將物體移去，只要照明該項記錄，也能實現再生原有物體光波，可言為記錄物體光波本身，而不是記錄物體的一個像。再進一步討論，能在照相底片上，不僅記錄了物光波的振幅 E_0，同時也記錄物光波的相位（ $\omega t - kz$ ），即是記錄物光波的全部形狀、振幅、相位、偏振及不同色彩等特徵，稱為「全像術」或稱為「全像圖」。在1948年英國物理家D.Gabor（加伯）使用使用光的相干性技術實驗之提案。

根據光是電磁波，電向量沿著 z 軸傳播的一平面波關係方程式：

$$E_1 = E_0 \cos (\omega t - kz) \quad\cdots\cdots\cdots\cdots\cdots\cdots\cdots\cdots\cdots\cdots\cdots\cdots (1)$$

若換成複數式：

$$E_1 = E_0 \, e^{i(\omega t - kz)} \quad\cdots\cdots\cdots\cdots\cdots\cdots\cdots\cdots\cdots\cdots\cdots\cdots\cdots (2)$$

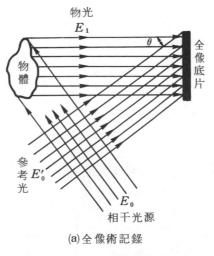

(a)全像術記錄

圖9-2　全像術的原理

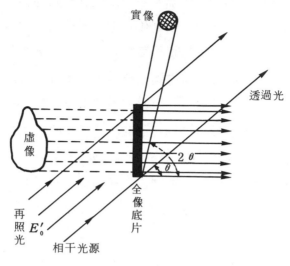

(b)全像術再生

圖 9-2 　（續）

E_0 ：振幅

ω ：空間的角頻率

$$k = \frac{2\pi}{\lambda}$$

每個基元光柵依照光柵方程式：

$$\sin \theta = \frac{\lambda \omega}{2\pi} \quad\text{...(3)}$$

λ ：光的波長

全像底片上可求知 E_1 和 E_0' 之值，則全像底片之現像關係方程式：

$$T = <\, (\, E_1 + E_0'\,)^2\, > \quad\text{...(4)}$$

T ：現像的光透過率

$<>$ ：時間的平均

再由(1)式～(4)式獲知光強（I）與振幅（E_0）的平方成比例。

9-2　全像術的基本原理

　　上述的圖9-2所示，圖(a)全像術記錄及圖(b)離軸全像術的再生，略有說明。若要觀察物體之像，必要通過第二步全像再生過程；圖(b)所示將全像圖（全像底片）放在原有位置，並利用再照光（或稱參考光）照明全像圖。此時透過全像圖觀察，可以明顯清晰地觀測到在原來物體的位置會出現一個原物體相同的三次元虛像。另外在全像照片的另一側還可看到一個三次元的實像及透過的參考光。同時產生實像、虛像與透射的再照光形成全像圖上的干涉條紋，就是一個複雜的繞射光柵。由於繞射光波中包含再生物光波及攣生物光波、透射再照光等，換句話說，再生物光波產生虛像，而且攣生物光波產生實像。

　　使用光源的雷射光，一般都使用氣體雷射，例如He‐Ne雷射的波長爲6328Å及Ar$^+$雷射的波長爲5145Å及固體雷射有紅寶石雷射的波長爲6943Å作爲光源。

　　全像術基本原理可分爲共軸全像術、離軸全像術、點源全像術及體積全像術、彩色全像術等，因爲牽涉到幾何光學、電磁學等高等座標數學方程式，此項導演方程式較繁雜所以不述論，僅以簡略概述一般性的理論。

9-2-1　共軸全像術

　　如圖9-3所示共軸全像記錄（或稱拍攝）及再生（或稱再現）。光源爲雷射光，其光直接通過透明板的光稱爲參考光在不透明物體邊緣繞射的光稱爲物體光，這兩束光在照相底片上干涉現象，而產生全像圖。物體光與參考光的平均方向相同，均沿著Z軸方向，稱謂共軸全像術照相。

　　共軸全像術照相的再生像觀測時較困難爲何？虛像、實像均同一Z軸上，透過光也在Z軸上，如果透過光較強時會影響軸上的虛像、實像，因受其影響因素，成像質量較模糊，所以未被廣泛使用原因之一。

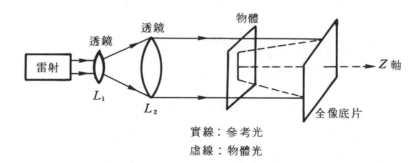

實線：參考光
虛線：物體光

(a)記錄

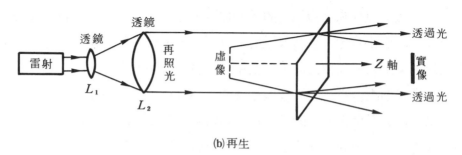

(b)再生

圖 9-3　共軸全像術

　　圖內的雷射光可使用氣體雷射與固體雷射解析其記錄、再生的情況，切記
！作此項研究必要在暗室內而且沒有任何微動聲音或靜敲走動，否則會影響效
果及失敗。著者於日本研究實驗拍攝各項實物到玻璃鏡片上，形成立體（三次
元）現象，目前留有兩片作爲記念之用。研究多年之經驗心得，此項較麻煩而
要耐心等待時間的拍攝及調整干涉現象，然而自己要在暗室內冲洗照片，方可
完成，可是剛開始時（指初學者）經常會失敗，還有時間的控制必要考慮其因
素。

9-2-2　離軸全像術

　　如圖9-4所示離軸全像術圖(a)記錄圖(b)再生。離軸全像術再生時沒有共軸
全像術再生的缺點，這種方式具有廣泛的應用。由圖(b)所示物體光與參考光的
傳播方向之間有一定的夾角 θ ，不再共軸，因此可取得全像術底片，稱謂離軸

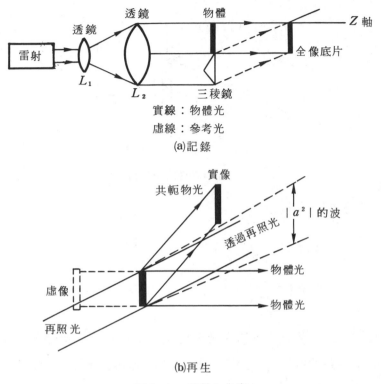

圖 9-4　離軸全像術

全像術底片。

　　日本大部分使用氣體雷射（ He - Ne 雷射、Ar⁺ 雷射等 ）或固體雷射（紅寶石雷射）解析其記錄、再生的情況，切記！作此項研究必要在暗室內而且沒有任何微動聲音否則會影響其效果及失敗。

9-2-3　點源全像術

　　全像再生像的位置與放大倍數，必要考慮從一點源發出的光作為參考光，此光對一點源物體光束進行記錄，並用一點源再照光進行再生，這種現象稱謂全像術照相或稱謂點源全像術。如圖 9-5 所示點源全像術記錄概略圖，因為受其記錄介質平面延座標 $z = 0$ 處，波長為 λ_1 的物體光；若在 P（ x_0，y_0，z_0 ）點發出一個球面波。但是光波由左向右沿 z 軸方向傳播，球面波在記錄

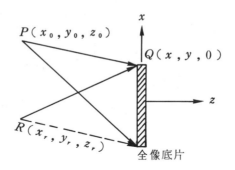

圖 9-5　點源全像術記錄概略圖

介質平面上的光場分佈情形：

$$U_0 = A \exp(-i\,k\cdot r)$$

$$= A \exp\left\{-i\frac{2\pi}{\lambda_1}\left[z_0^2 + (x-x_0)^2 + (y-y_0)^2\right]^{1/2}\right\} \cdots (5)$$

　　爲著瞭解光電檢測之基本觀念及應用技術，在此不再更深入討論有關光波在記錄平面上各點的振幅、透過率、曝光頻度及點源全像再生像的座標位置等繁雜的方程式。接著介紹較有廣泛應用的三次元離軸全像術。

　　如圖 9-6 所示三次元離軸全像術，再生時用參考光作爲再照光，將會重現各乙個虛像、實像。原物沿著 z 軸方向上而產生虛像，此虛像會在原物位置上，其形狀大小相同，但不產生像差。觀測者若由右邊去觀察實像，看到物體像不在 z 軸上，所以較不清晰，而且畸變浮彫較大，往往被稱謂浮視像。如圖 9-6(c) 再生未畸變的實像而論，改變再照光方向，方能與參考光對稱 yz 面，即可得到一個在 z 軸上的實像。該像與原物體的大小、形狀也沒有像差存在，最後可稱謂三次元全像術視差效應極佳，特別清晰，則有立體感的特性。

　　圖 9-6 研究實驗，著者於日本研究室作各項實驗過，調整控制時間與冲洗照片特別注意事項之一。又舉例兩個三次元全像術記錄概略圖，如圖 9-7、圖 9-8 所示。

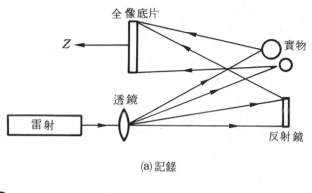

(a)記錄

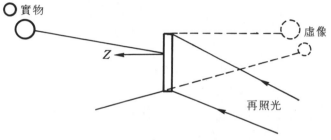

(b)再生未畸變的虛像

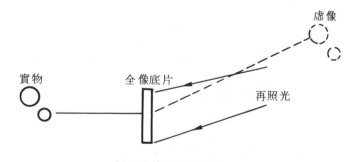

(c)再生未畸變的實像

圖 9-6　三次元離軸全像術

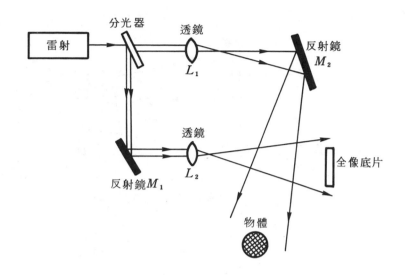

圖 9-7　三次元全像記錄實驗例

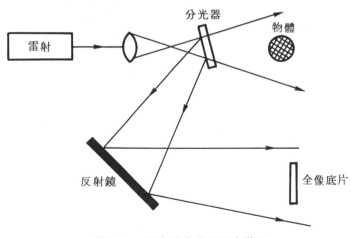

圖 9-8　三次元全像記錄實驗例

圖9-7所示三次元全像記錄實驗例及圖9-8所示三次元全像記錄實驗例。

9-2-4　體積全像術、彩色全像術

1. 體積全像術

　　它的基本原理大致與三次元特性相同，僅用全像厚底片拍攝的全像圖，稱謂體積全像術照相，拍攝的體積全像圖與平面全像圖不同之處，該體積全像圖僅產生一個像。

2. 彩色全像術

　　如圖9-9所示彩色全像術的記錄。彩色全像術能在一張全像底片上記錄三個以上的全像圖，分別用不同顏色記錄其像。該項技術係與體積全像術的基本原理相同。但是：

　　雷射1：波長為 $4880\overset{\circ}{A} \sim 5145\overset{\circ}{A}$ 的 He - Ne 雷射。

　　雷射2：波長為 $6328\overset{\circ}{A}$ 的 He - Ne 雷射。

可是物體光與參考光中相應的色光發生干涉現象，全像底片用厚底片記錄作成的彩色全像圖。再生時仍然用原來的三種顏色的紅、藍、綠基本色照射全像圖。則紅光被體積全像中的紅光體積光柵所繞射；藍光被體積全像中的藍光體積

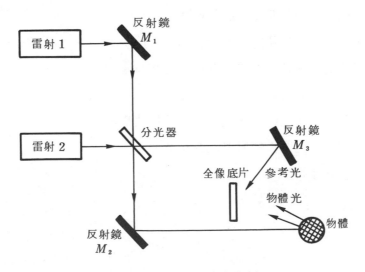

圖 9-9　彩色全像術的記錄

光柵所繞射，綠光被體積全像中的綠光體積光柵所繞射，結果再生彩色像，此種方法將會被廣泛應用技術之一。

9-3 全像術應用技術

全像術應用技術廣域被應用於科技中，包括干涉計量術、字符識別、顯微術、資訊儲存、全像電影、全像電視、光學資訊處理等應用。因爲雷射的應用牽涉到各種領域，例如農業中應用有雷射育種、雷射報霧。科學中應用有核聚變中的等離子體加熱。軍事上的應用有雷射雷達、雷射導航、雷射武器。醫療學上應用有雷射手術刀、診治癌症、治療壞牙、眼膜治療等。光學材料有非線性光子。拍攝的應用有雷射全像術。

全像術於 1948 年發明以來，它被應用於研究用、精密測定用及更多的特殊應用技術範圍。目前很少被製成民生用品或應用產品化。

習　題

1. 全像術與普通照相術具有那些不同特徵及原理？
2. 繪圖說明全像術的原理及應用範圍？
3. 繪圖說明共軸全像術的原理及缺點？
4. 繪圖說明離軸全像術的原理及研究時注意事項？
5. 繪圖說明點源全像術的原理及特性？
6. 繪圖說明三次元離軸全像術的原理及特性？
7. 繪圖說明彩色全像術的原理及特性？
8. 何謂體積全像術？

第十章

光電技術之發展與未來社會

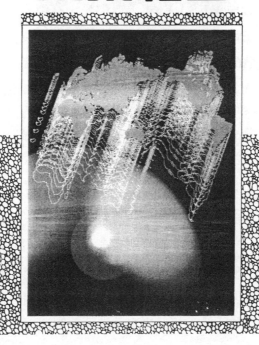

155

10-1 前 言

　　1970年代光電技術有突破性的發展，特別著重於電子方面並突破傳統性技術之壁。近數年來，光電技術之研究，則以雷射為重心。光電技術係以電機、電子技術為核心，用來開發應用領域更廣泛之技術，邁向未來的光電世紀。僅將光電技術和半導體製造技術，光電技術與 Josephson Junction 元件，光電技術和三次元電路元件，光電技術和機械人技術及雷射對未來社會之影響做一敘述。

　　雷射具有四項特性，發展到光電應用技術，它是融合電機、機械、電子、化學、物理、醫學技術，形成「光電技術與光電時代」的夢想，即將實現省能源低消耗電力、光通信、光電腦、光電自動化、超微細加工、光電醫療、光電能源系統的時代。地球的石油被使用盡竭，未來的能源將由雷射核融合取代能源。利用光電技術製作 VLSI 與超大型電腦、微細加工技術。地球的自然環境受到污染破壞，光電技術能夠改善「人間、居住、環境」的空間。光電技術將被發展在人工智慧的機械人，能夠在危險地方、海底、太空地方擔任探險與維修工作。醫療方面，開發研究光電技巧對癌細胞破壞，將會帶給人類的福音。

10-2 光電技術和半導體製造技術

1. 光和半導體製造技術

　　半導體發展的初期是利用光照射半導體，發現導電之變化，而逐漸發展出電晶體、IC、LSI、VLSI、光二極體、光電晶體、光IC等產品。

　　最近更進行元件的平面尺寸微細化，利用光對圖形的轉相技術與短波長技術，來開發電子光束裝置、X線曝光裝置、控制半導體正確位置及描述位置圖形。此外利用雷射光的干涉作用，在半導體元件製造工程上掃描表面的光學技術也深獲重視。

半導體加工技術及非結晶形 Si 製造技術以 plasma etching、plasma deposition 技術最為重要，此乃利用電漿分光技術為主要方法。

利用光脈波來做半導體壽命測定、結晶軸的判定、接合的檢測、半導體薄膜檢測等，由此可知，光電技術與半導體技術有密不可分的關係。

2. 光元件和半導體技術

半導體技術對光元件的小型化、固體化寄予厚望。半導體技術結晶有光二極體、光電晶體之光檢出元件，能達到光檢出速度、感度。半導體發光元件有 LED、光二極體、光資訊處理元件等都佔有重要的地位。由上述可知光電轉換器及光放大元件、半導體雷射、光導波路、模態轉換器、光耦合器等光積體電路的主要元件，均為半導體元件製造技術之基形。

目前開發光積體電路是利用電子的半導體積體電路製造技術。首先考慮到光積體電路的積體度，使用電子半導體元件時，元件尺寸為十分之一微米；可見光積體電路的元件比電子半導體元件要快千倍以上的動作速度，而且尺寸為數微米以下。它具有優異的特性，其優點如下：

(1) 影像資訊的整合處理。

(2) 資訊串聯處理。

(3) 光傳輸資訊容量極多。

(4) 輕量又小型化。

(5) 沒有干擾雜訊。

(6) 大型電腦的印表機之間配裝簡單容易。

半導體技術與光電技術結合應用在能源領域上用以開發未來的能源深具發展潛力。例如開發高效率太陽電池、結晶、非結晶光電技術在水力發電技術的應用，以保障電力消費的低價格化，並減低對石油能源的依賴。

10-3　光電技術和Josephson Junction(簡稱JJ)元件

10-3-1　速度提高之主要因素

⑴　提高基本零組件的速度。

⑵　提高實裝的合理化的速度。

⑶　提高串聯處理上實效處理的速度。

　　表10-1所示，最早商用UNIVAC-I電腦和最新的UNIVAC 1100/90電腦作個比較。

表10-1　32年間的速度提高比率

比　較　項　目	1951 年 UNIVAC-I	倍　　率	1983 年 UNIVAC 1100/90
主 要 零 組 件	眞空管18800個		LSI
零 組 件 速 度	1 μs	2500 倍→	約0.37 ns
實 裝 大 小 （CPU+記憶）	約30 m³	1/10→	約3 m³
並 　聯 　比	1（96位元串聯演算）	18倍→	（96位元並聯演算）
計 算 速 度 比	1	→	10萬倍～300萬倍

　　由表10-1可知，先進國家積極開發光電技術以導向大型電腦、LSI、VLSI、光電通訊時代。

10-3-2　**JJ元件之特性**

　　將來期待超高速、低消耗電力的ＶＬＳＩ元件，開發半導體雷射、光纖組合實用化、高速化、大容量化、高信賴性、操作容易等最尖端電子光電技術之夢想，均賴 Jŏsephson　Junction 元件技術臻至成熟階段。

　　1962年，英國的Ｂ.Ｄ.Josephson 發表物質在極低溫時，電阻為零，產生超導狀態理論。在攝氏零下270度的液體氦溫度下，金屬的電阻消失，此現象為超導現象。

　　ＪＪ元件應用於ＪＪ電腦上，處理檢出微小信號元件、標準電壓發生元件，目前被利用在電磁、電波望遠鏡的檢出部及微小磁束檢出器等。

　　ＪＪ元件與電腦元件應用的特徵，舉列如下：

(1)　開關速度極快。

(2)　消耗電力低。

(3)　極低溫（ 4.2K程度 ）時半動作。

　　ＪＪ元件是指利用超導現象的隧道（ tunnel ）效果，參照圖10-1 ＪＪ元件與圖10-2電流－電壓特性。此種元件最大特性是電流值I_0一定，直接電

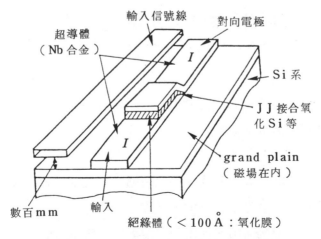

圖10-1　隧道接合型ＪＪ元件的概略圖

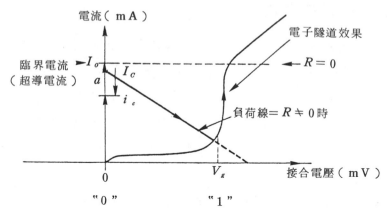

圖10-2　JJ元件的電流－電壓特性

流進入接合部的絕緣膜，零電壓時，電流也有流入現象，係稱爲零電壓電流的JJ電流。電流超過 I_o 時，元件急激移至電壓狀態；電壓狀態是指繼續回至零電流，零電壓狀態和電壓狀態有二種安定狀態 "0" 和 "1"，則電腦元件、JJ元件都利用這二種安定狀態。其特性比半導體元件的開關速度快 10 ～ 100 倍，消耗電力約爲其千分之一。可以實現未來的 JJ 電腦系統，也可研究開發極低溫下的光電技術、光物性，且應用於 LVSI 超高速電腦系統。

10-4　光電技術和三次元電路元件

由於半導體的技術革新，Si 積體線的積體度提高，今後開發 1 微米以下的組件，預定西元 1990 年代實現最新型的超高積體多機能元件，係與三次元電路元件作爲開發研究啟端。

1. 技術的課題

現在的 LSI 電機配線，利用多層化構造，則三次元電路元件的能動層具多層化，多層化提高積體度，亦具有新機能之優點。

現在，利用高功率的雷射光、電子束照射，來製造 GaAs 系的三次元電路元件，還有半導體雷射、發光二極體。GaAs 場合，半絕緣性結晶取得容易，

層間的分離可能，但是，絕緣性結晶的阻抗約 $10^6 \Omega$ - cm。

　　三次元電路元件實現的瓶頸，最重要以層間的配線技術、積層組件的形成技術以及熱的散放問題等為最重要。

2. 具體的型態

　　三次元電路元件的具體目標型態，分為兩種元件：

(1) 積層高密度積體元件：介入絕緣膜多層的半導體活性層，結合各層的論理元件、記憶元件配置，以提高積體度。主要積層構造的上下層間信號傳達速度快。

(2) 積層多機能積體元件：介入絕緣物多層的半導體活性層，結合各層的信號變換機能，光感測機能，以提高複合機能化，為由電源、驅動部、演算部、記憶部、轉送部、光電轉換部、絕緣物層、單結晶半導體層所組成的元件。

　　三次元電路元件確立了 1990 年代的尖端技術產業，其應用於資訊處理的中小型電腦、高密度記憶、音聲辨認裝置；民生用機器的電子翻譯裝置、多機能民生用機器、電腦中心；檢測、控制的醫療用機器、程序控制、公害監視裝置、產業用機械人；通訊有 FAX、資料通訊裝置、高性能小型無線機、CATV 裝置（有線 TV）等基礎技術。

10-5　光電技術和機械人技術

　　光電技術與元件將被應用在智慧型機械人，代替人類能夠在危險場所、深海底下、宇宙太空上工作，能節省人力，對人類的安全幫助極大。本節介紹(1)光電技術與機械人技術及(2)光利用於機械人技術如下：

10-5-1　光電技術和機械人技術

　　研究開發智慧型機械人：

(1) 運動機能——人工的手足對外界活動的機能。

(2)　感測機能 —— 視覺、觸覺收集資訊的機能 。

⑶　辨認機能 —— 辨認周圍的狀況，決定行動的機能 。

⑷　控制機能 —— 資訊交換的機能 。

10-5-2　利用於機械人技術

以上四項的機能，除了辨認機能以外，其餘與光電技術均息息相關 。

1. 視　覺

機械人視覺主要任務是物的選別障礙物的檢知、位置決定、缺陷檢出、取攜對象物的位置、形狀、姿勢等 。

2. 觸　覺

適用光學的檢出方法對手指尖的接觸面與物體之間的變位感測 。

3. 運動機能

資訊檢出器利用光控制機械人的手和移動機構，能夠檢出變位量、變位速度，以利用發光感測器 。

4. 人、機械人干擾控制

使用雷射光束指示裝置應用於機械人對輻射環境工作、雷射加工機械人系統 。

以上舉例四項的光電技術發展趨勢，簡單扼要論述之 。今後研究開發方向將以光纖通訊系統、光應用檢測控制系統、雷射陀螺系統、光資訊傳輸系統與著重於技術課題為主 。

基本的技術課題：

⑴　長波長（ $1.0 \sim 1.6 \mu m$ ）技術 。

⑵　單模態光纖傳輸技術 。

⑶　光 IC 技術 。

⑷　光感測技術 。

光系統的技術課題：

⑴　超高速、長距離 PCM 傳輸系統 。

(2)　各種電腦通訊系統。

(3)　低價格影像傳輸系統的開發。

10-6　雷射和未來社會

　　未來的社會將成爲光電社會，並將會改變各種科技領域，邁向省能源低消耗電力、光通訊系統、光電腦、光電自動化、極微細加工、光資訊系統、光纖通信系統，「人間‧居住‧環境」和「光電技術」結合的五光十色之時代。

　　經由光技術與電子、電機、機械、化學技術等之整合，融合爲複合化尖端新技術，將使得我們對於光電技術之夢想很快能夠實現。

　　光電的開發，使應用科技的發展更邁前一步。目前，已經利用在電子加速器之計畫；雷射採掘有用的礦物、岩石的處理；雷射碎冰船等。雷射在建築土木亦被廣泛應用；雷射光線並成爲畫家、雕刻家之道具。預料將來利用雷射做立體彩色電影、立體彩色電視、立體舞台雷射光；茲將雷射應用於未來社會之展望概述如下：

10-6-1　以x線雷射發展未來能源的雷射核融合

1. 與 X 線雷射相關的新科技

　　X 線雷射應用於電漿物理、大功率雷射物理、核融合原子衝突、量子電子、雷射物理、雷射工學、固體物理、自由電子雷射、加速器、X 線天文學、高能源物理、超微細加工、超薄膜技術、X 線光學，再到 γ 線雷射等，均是與 X 線雷射相關之新科技。

2. X 線雷射製造積體電路

　　電子工業界爲提高積體電路的積體度，目前，使用水銀燈的紫外線爲光源對其微細加工，分解能約爲 $1\,\mu\mathrm{m}$ 左右，使用波長 $1\,\mathrm{mm}$ 的 X 線雷射爲光源，分解能提高了 1000 倍，積體度提高 100 萬倍，可知 X 線的透過能極大，所以必須開發 X 線雷射製造積體電路。

　　目前，美國、日本、蘇聯等國積極開發高功率雷射裝置，且應用於雷射核融合與高能源電子加速器，以粒子實驗研究為目的。

3. 未來的能源——核融合

　　目前能源集中於核能、石油、火力、水力、風力、潮汐、地熱發電，以核能發電為大宗，但是，核能的輻射性廢棄物，使用過的燃料之再處理，確實威脅人類的安全；為著提高人類生活水準，開發無公害、不污染環境的無窮盡能源——核融合，為將來唯一的選擇。

　　雷射核融合是重水素（D）及三重水素（T）之燃料小球，利用高功率短脈波雷射集中投射能量使燃料球表面發生電漿，球對稱膨脹的反作用（火箭作用）使燃料小球的中核部受壓縮，使固體密度增加一千倍～一萬倍而發生高密度電漿。其結果，中心部達到核融合溫度，在 1 ns 以內之短時間，使燃料核融合燃燒起來，此現象為融合現象。

4. 研究開發的目標

　　研究開發的中心課題，以開發高功率短脈波雷射，瞭解燃料小彈丸爆縮過程之物理特性，推進新技術的工學、物理的新領域與爆縮研究多光束照射燃料小彈丸產生高密度壓縮、溫度、高中性子發生等過程為目標。

　　預定西元 2000 年能使用雷射核融合發電。

10-6-2　雷射醫學應用

1. 雷射手術刀

　　雷射手術刀使用雷射種類有：

雷　射　種　類	作　　　　　　　　用
CO_2　雷　射	生體的切開，蒸發使用
YAG　雷　射	生體內深入浸透，生體的凝固、止血
Ar^+　雷　射	兩者共通性質

　　今後之開發當著重於YAG雷射和CO_2雷射之小型化、專用化、操作性、信賴性之無血手術。

2.　醫用雷射內視鏡

　　醫用內視鏡可對人體內的各種臟器、食道、胃、十二指腸、大腸、鼻咽腔、支氣管、膀胱、子宮、肝表面等觀察，作為醫學檢驗之用途。

3.　醫用雷射診斷癌細胞

　　癌症為威脅人類生命之殺手，令人聞之色變；所以醫學科學家利用雷射照射癌細胞，解析散亂光、螢光；自動分析血球、癌細胞的檢出、染色體異常的檢出、免疫機能障害的檢出及開發制癌劑。

　　開發雷射診斷機器與利用雷射分光技術作生化學自動分析裝置，雷射誘起化學反應控制技術等，在不久的將來很快能夠實現。

4.　雷射的醫學應用

　(1)　治療應用（熱凝固、衝擊、切開、蒸發、熔接、刺激、信號）

　　①　雷射手術刀

　　　●網膜光凝固裝置（眼科）。

　　　●脈波雷射手術刀（皮膚科）。

　　　●微外科用雷射手術刀（耳鼻科）。

　　　●連續波雷射手術刀（無流血手術）。

　　　●光纖・雷射手術刀。

　　②　雷射碎石器

　　　●尿道結石用雷射碎石器

　　③　生體用雷射熔接器

　　　●蛀牙治療器（齒科）。

　　　●骨熔接用（整形外科）。

　　④　生體用雷射刺激器

　　　●受傷治療促進用

　　　●腫瘍變性用。

⑤　感覺補助用雷射裝置

● 盲人用雷射杖。

● 影像眼鏡。

(2)　診斷應用（分為生體檢查用、檢體檢查用）

①　照明用

● 雷射光透過照明。

②　分光分析用

● 雷射發光分光分析。

● 血液 O_2 飽和度測定。

③　雷射干涉儀

● 雷射聽診器。

● 變形檢出用。

● 網膜解像力測定用。

④　雷射都卜勒流速儀

● 網膜血管血流儀。

(3)　檢體檢查用

①　雷射散亂

● 懸濁計。

● 精子流動度計測。

②　雷射顯微鏡。

③　雷射分光。

④　影像處理。

(4)　其　他

①　雷射穿孔（縫合針）。

②　醫用資訊、影像傳輸。

10-6-3　海洋開發的光電應用技術

開發海洋的資源、地震的預測、海底探礦、油田生產系統。最近，機械人技術與光纖通信技術的確立，對海底調查作業幫助極多，又可以用於高水壓、潮流、海難技術。

利用光電技術應用，今後更廣泛應用在下列各種領域上：

(1)　人無法接近之高處或高壓貯藏庫內之作業。

(2)　船舶航運中監視及水雷的探知、掃雷作業。

(3)　礦山的坑道與隧道內的遙感探測、掘進作業。

(4)　離島、海岸上基地的舖設、輸送能源、資訊、燃料等。

10-6-4　無線性光電系統與空間傳輸光通訊系統

光通訊的領域有光纖通訊係爲有線方式；空間傳輸光通訊係爲無線方式。

空間傳輸光通訊使用發光二極體光源、雷射二極體，使光的強弱變換爲電機信號。此係由送信機、受信機構成。

光通訊高度資訊化，未來社會發展中不可缺的通訊方法，積極開發高速資料網，OA機器相互的高速通訊，立體的空間通訊，移動體間的通訊，最後期待研究開發OA機器的結合、產業機械的控制、監視等空間傳輸光通訊系統。

10-7　結　語

將來必朝著高度化、高速化資訊的社會，均需要利用上述開發的光電技術，更期待將來尖端科技的革新，以幫助光電技術的發展並開發出有用的技術，而且應用在各種領域上，特別著重於VLSI、LSI、機械人自動化技術與雷射應用在未來的能源、醫療、通訊系統及生活環境、工商業產品等，以造福人類過著清新舒適的生活。

1.　述論光電技術和半導體製造技術之方法？

2.　光積體電路與半導體積體電路具有那些不同特性？

3.　述論光電技術和 Josophson　Junction 元件之原理及特徵、應用？

4.　繪圖說明 Josophson　Junction 元件的電壓與電流特性？

5.　光電技術和三次元電路元件在技術的課題上具有那些特性？

6.　述論光電技術和三次元電路元件的具體目標型態可分為那兩種元件特性？

7.　光電技術和智慧型機械人具有那幾項機能？

8.　光利用於智慧型機械人的辨認機能有那些技術系統的機能？

9.　述論以 X 線雷射射發展未來能源的雷射核融合？

10.　述論雷射對未來的醫學技術有何應用與改變傳統技術？

11.　述論光電技術對未來開發海洋的光電應用技術？

12.　述論無線型光電系統與空間傳輸光通訊系統有那些不同特性？

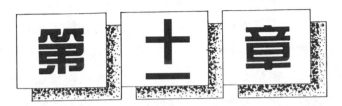

第十章
磁場對人體健康的影響

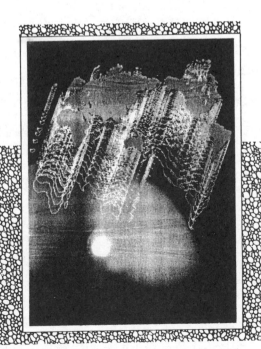

11-1 前　言

　　自民國六十三年教數學、微積分、物理學、基本電學時，特地講解數字、微積分、物理學、基本電學的奧妙，結合自然界、宇宙的電場、磁場、光學、遠紅外線，它可以應用在人體健康的因素。例如正弦波之正負之分，輸出功率有高低之分，人體的氣、易經的八卦、韓國的國旗陰陽（黑白部分）即是人體的脈搏快慢虛實，亦是交流電的正弦波，中國的傳統醫藥、經絡學之哲理，表達出人體的氣血，就是系統工學，早期皆使用草藥、食物、氣功、經絡對人體的醫治，氣功即是功率＝電壓×電流×$\sin\theta$，在$\theta=90°$時，其輸出功率最大，磁力線在 $\sin90°$時，磁力線互相垂直，磁通亦增強。人體的脈搏跳動，有快慢虛實之現象，可應用現代科技來分析病理之症狀。

　　人體本身就是磁場、電場、電位系統，它與天地息息相關，宇宙是個大磁場，人體是個小磁場，又該如何利用天地之氣來調理氣場，方使身心調暢又健康嗎？此章述著者、內人鄭淑琴共同研究二十餘年數理、統計學來結合中藥、經絡，開發『雷射針炙器對人體經絡之能量醫學研究』、『高壓電位治療器對人體經絡之能量醫學研究』、『高壓電位針炙器對人體經絡之能量醫學研究』、『遠紅外線對人體經絡之能量醫學研究』、『氣功對人體經絡之能量醫學研究』、『食物療法——不殺生。不殺戒為懷』、『磁場對病理健康療法——健康・福慧・歡喜——之心念指壓隨緣療法』等，完全針對中國的醫藥、經絡結合理工學科、應用力學、工程數學之研究開發，以達到『家庭健康網路系統之分析法』。

11-2 子午線的畫法與氣的時辰

　　將自然界的規律、電磁學、基本電學、物理學、數學及醫學、中醫學物性，綜合研究開發，如何去了解身體上的氣的流轉時辰，血的循環時辰，歸納出氣的方位學，了解其方位而對人體的氣血、健康頗有助益。

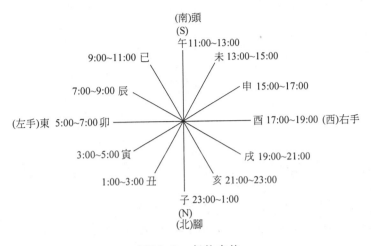

圖11-1　氣的方位

【例】

1. 中午11:00～13:00是氣的滯停處，屬S極南方，頭部之處，此時是正弦波90°時，電壓、電流、電位最高，磁場最高，正午時，頭較有強磁場，會有點昏沈，想睡覺。

2. 若子時晚上23:00至凌晨1時，正是氣的方位，該休息養氣，儲存能量，晚睡1小時，消耗白天的氣能量之3倍。

　　由於氣對人體能量消耗、儲存有關係，因白天消耗能量，晚上儲存能量，也該多休息之時。人體似如一塊NS極磁鐵，磁力線是由N極至S極，人體的脊髓（龍骨）就是磁鐵，每一個龍骨關節和關節之間有磁力線，規律循環流動，每關節之間都有一個電位，如圖11-2人體龍骨的磁力線，電位的動態及圖11-3龍骨與龍骨之間的磁力線，電位的動態。

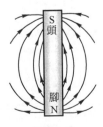

圖11-2　人體龍骨的磁力線，電位的動態

圖11-3　龍骨與龍骨之間的磁力線，電位的動態

11-3　正磁場、電場、離子與負磁場、電場、離子之特性

　　人體本身就是磁場，它與天地相關，宇宙是個大磁場，人體是個小磁場，又該如何利用天地之氣來調整氣場，方使身心調暢又健康？關於『天』，係指宇宙互律運轉，產生二十四個節氣，可以看農民曆內有記載節氣轉換的時間，人要心平氣和養神15分至30分鐘，能將體內的正磁場、正電場、正離子隨著自然對流，有淨化血液及氣息循環，並能養氣儲存氣血的活絡，非常有益身心調息，對人體的健康有影響。關於『地』，係指空間的格局，影響順逆的干擾，就是氣的陰陽，對人體的健康也有影響。一般人睡覺時，會把電話、收音機、電子鬧鐘、大哥大放置在人的頭上方，無形中干擾人體的腦波或磁場，容易使人不安眠或作夢、偏頭痛的現象。

　　宇宙充滿著高電場、高磁場，產生遠紅外線，對人體有擴散熱溫作用，增強人體的生長電位、生命電位、淨化血液，宇宙磁場身體的電位互律關係，因為宇宙電磁場環境和人體保持電位的平衡作用，它能夠淨化血液，消除疲勞，減輕精神壓力，心緒舒暢，血氣調暢，經絡活絡，筋骨寬暢，又能提高身體的免疫力及抗禦病邪之功效。

　　如何淨化血液及增強負磁場、負電場、負離子嗎？可由最簡單又容易懂其觀念，對完全沒有醫學、中藥學、經絡學、電學、電磁學的觀念者，可藉由正磁場、正電場、正離子與負磁場、負電場、負離子有不同特性如下：

	正　離　子	負　離　子
現象	・氣血阻滯・心煩意亂 ・精神壓迫・血壓升高 ・筋骨疼痛・刺激作用 ・病毒菌侵入 ・免疫力減弱	・血氣調暢・心志清新 ・精神煥發・血壓降低 ・筋骨活絡・抑制作用 ・抗禦病邪 ・免疫力增強
症狀	・中風・禿頭・痛風 ・頭痛・胃腸病・造成頭痛 ・腰酸背痛 ・失眠不安・容易疲勞 ・心胸滯悶・心律不整	・安眠・止痛 ・止咳・精神舒暢 ・筋骨活絡 ・涼血解毒 ・養顏潤喉
食物	・肉類・成藥 ・海產類・醃製類 ・罐頭類・發霉東西 ・含防腐劑食品 ・含鹽加工食品	・瓜類・豆類・中藥 ・露水・雜穀類 ・蔬菜類・水果類 ・山泉水・海藻類
增強方法	・登山、洗溫泉。 ・靜坐調息法、氣功療法。 ・上午空腹勿食冰水，空腹前多吃水果，少食油膩的東西。 ・早睡早起，晨跑運動，赤腳在草地有露水地方走路。 ・每日多做耳朵搓揉法、手掌搓揉法、腳底搓揉法或經絡指壓法。 ・適當運動、注意營養補給、身心的保養、血氣的調養、善心的修養、力行的恆心。 ・多吃新鮮蔬菜、水果、雜糧、瓜豆類等。少食肉類、海產類、醃製食物等。 ・晚上少吃宵夜或油膩的東西；尤其晚上也少吃東西為佳或晚上8點之後勿吃油膩的東西。	
療效功能	・調節內分泌腺的功能。 ・促進皮膚的機能正常化。 ・促進肌肉筋骨活絡舒暢。 ・加強血液、氣動循環運行。 ・調和神經機能系統的暢通。 ・促進生命健康的活力與延年益壽。 ・矯正骨骼發育正常化與生長電位的活絡。 ・連繫臟腑器官的功能，通行血氣的運行。 ・抵抗病菌、抗禦病邪與外邪病毒的功能。	

　　宇宙的電磁場與身體的電位息息相關，因為宇宙電磁場環境和人體保持電位的平衡，形成自然對流循環規律，再由基本電學或物理學之公式可以得知，電位不平衡時，電能會受到影響，如果一個人靜坐禪定，人體的脈搏跳動極低

近直線之現象，有如正弦波輸出功率極低，還有了解正負電磁場、離子的特性，它能夠淨化血液及消除壓力，增強心緒舒暢，氣息調暢，提高身體的免疫力。

　　人體健康的活絡，細胞膜電位較活絡，若細胞膜電位消失或死亡時，容易使動脈硬化，會引起中風、老人痴呆症，人的活力、生命及骨與骨之間必靠著生長電位、細胞膜電位的活絡，所以平時要強化各細胞膜電位，以維持五臟六腑內的電位平衡，乃是健康條件之一。

　　經過二十餘年長期的研究，對人體健康之影響，舉例作為參考之用：

第一例：新鮮的蔬菜，靠著太陽光照射，形成光合作用，即為生長電位的存在，具有不少負電場、負磁場、負離子，才使蔬菜有新鮮度，若將新鮮的蔬菜放置在冰箱內，冰箱會產生正電場、正磁場、正離子，它與新鮮的蔬菜的負電場、負磁場、負離子的生長電位耦合消失，則蔬菜的新鮮度逐漸減少，營養成分也相對消失，希望主婦最好不要冷藏新鮮蔬菜或水果太久。

第二例：使用冷氣時，產生高正電場、正磁場、正離子，若在冷氣房內就具有極高正電場之現象，它再與人體的負電場、負磁場、負離子互相對流耦合，人體的生長電位、生命電位逐漸減少，肌肉筋絡較不活暢，容易造成關節痛、風濕痛、支氣管炎、胃腸不舒服、生理經痛之現象。

第三例：古人常言，經常有人來訪，帶入人氣福氣，係指人的磁場、氣場充滿在空間方位的交流。房子沒有住時，非常老舊腐化，乃與自然的氣場、電場、磁場息息相關。若一個人到地下室、濕冷的房子或沒人住的房子，會覺得一股寒氣之風，因空間具有一股正磁場、正電場、正離子而人體的負磁場、負電場、負離子互相對流耦合，使全身產生疙瘩（台灣：雞母皮），稍微有冷風吹彿時，容易打噴嚏、感冒之現象。騎單車遇到寒流、大雨時，也容易感冒或打噴嚏，該如何預防不受風寒呢？切記雙手掌握緊腳踏車控

制把，牙根咬緊，可使全身氣穴暫閉，寒風抵擋於外，不易受風寒之苦。

第四例：人經常睡在水泥地板上或天氣太燠熱時，身體、手腳喜歡靠在牆壁上，雖然感到一時的涼感，但是人體的負磁場、負電場、氣場易被對流耦合之現象，容易造成關節痛、風濕痛、酸疼無力、腰酸背痛或腦神經衰弱之現象。

第五例：如圖11-4天氣晴朗時，對人體健康的好處。因天空充滿著正離子（＋）的成分，地面滿著負離子（－）的成分，人在地面會受到負離子的對流傳輸，使心情愉快、精神舒暢、淨化血液、血壓降低、血氣活絡，則有益於身體之健康。

圖11-4　天氣晴朗時，對人體健康的好處

第六例：如圖11-5天氣陰雨時，對人體健康的害處。因天空充滿著負離子（－）的成分，地面充滿著正離子（＋）的成分，人在地面會受到正離子的對流，使心情煩燥、精神不安、身心煩慮、血壓升高、血氣阻滯、筋骨疼痛之現象，則對身體健康會有影響。天氣晴朗要轉換為天氣陰雨之前，人在這個時候，關節痛症、風濕痛症，有如氣象台，事先會知天氣會轉壞。

圖11-5　天氣陰雨時，對人體健康的壞處

11-4　病理的療法與功能

　　如何淨化血液嗎？增強負離子嗎？可利用雷射針灸器、高壓電位治療器、高壓電位針灸棒、遠紅外線、氣功、運動、食物療法、心念指壓療法、經絡療法等，它具有下列功能如下：

1. 加強體液循環流動。
2. 促進肌肉筋絡活暢。
3. 調節內分泌腺的功能。
4. 調暢內臟器官的功能。
5. 促進皮膚機能正常化。
6. 矯正骨骼發育正常化。
7. 促進生命健康的活力。
8. 調和神經機能系統的舒暢。
9. 減肥養生保健、長壽延年。
10. 增強和蓄積體內之氣，從而達到修養心身，祛病強健之目的。
11. 調和精神恍惚，外感邪毒及慢性肝炎、慢性腎炎、肺氣腫及心功能不全等疾病之防治。
12. 增強理氣活血、疏通經絡、調暢肢體關節疾病和軟組織勞損（ 如坐骨神經痛、風濕性關節炎、腰椎間盤突出症、類風濕性關節炎等 ）。

11-5　人的情志對人的氣機有何影響？

　　可分為三種日常生活中可以抑制不良習慣，或由人的情緒上影響人體的氣機，其實就是陰陽不調和，磁場、電場互動不佳。精神壓力的緊迫，影響人體內部的電位增減，輕者精神不安、心緒不安，重者形成燥鬱症、憂鬱症、焦慮

症之現象。可分三種因素，簡述如下：

第一種：養身‧養生‧養心之三要素。

養身指早上吃得早，中午吃得飽，晚上吃得少，因氣在晚上儲存氣，正巧在子時（晚上11:00至凌晨1:00）屬腎臟、腳底的部位；又血在肝，屬造血之刻，影響血氣之增減。

養生指生活起居要均衡，吃東西要均衡，走路就是治百病，每日要多勤走路，有益腳底按摩及身體的健康。

養心指心中常喜樂，口出無怨聲。

第二種：精氣神的生活哲理。

精足不思淫‧氣足不思食‧神足不思眠。氣要足就是晚上吃七分飽或吃更少有益腎臟部位或肝造血之酸鹼性。睡太飽會懶散，睡不足會精神不集中。

第三種：人的情志對人的氣機影響。

	情　　志	氣　　機	影　　　　響
1	怒則氣上	傷肝	肝炎‧肝臟系統
2	喜則氣餒	傷心	心臟病
3	悲則氣消	傷肺	支氣管炎‧肺炎
4	思則氣結	傷脾	全身乏力‧食慾不振
5	恐則氣下	傷腎	陽萎‧腎臟‧經痛‧不孕症

11-6　食物療法

食物療法簡稱『食療法』，它是應用食物的藥理、藥性等作用，對人體可以防治疾病，還可調暢內部陰陽、血氣、五臟六腑之間的平衡，能讓人體與自然界互相調合養身之用。

中國自古的藥物『神農本草經』中，提倡『醫食同源』之說，無形中發現各種食物和藥物的藥性、藥理、功效，互有相同之處，因為食物可以藥用，藥

物可以食用，就是食物療法的基本理論，其理論即是現代科學的磁場、電場、離子之相同理論。在『神農本草經』內，特許食物內穀米、草木、魚蟲、禽獸、果菜之類，歸類為藥物之用，由此可見古代醫學界對食物療法的重視。

　　食物療法在中國醫藥學的重要性，而且歷史悠久，頗受中國人代代相傳，近年來更受歐、美、日的醫藥界、科學界的重視與研究，而應用到藥膳、藥粥、藥飲、藥酒、藥茶、藥補等，被推廣應用在日常生活中，使身心調養，防治疾病、養顏、提神之功效，頗受現代人的歡迎重視。

11-7　食物療法的基本理論

　　食物療法的基本理論有陰陽五行學說、臟象學說、病因學說，特簡述如下：

1.　陰陽五行學說：

　　陰陽五行學說是中國醫藥學之最基本理論，它與食療法，非常有相關連之理論。古代聖賢將易卦、五行配合方位學、醫藥學、自然界的磁場與電場、人體的五臟六腑內血氣調暢及陰陽調和，完全符合現代科學的正負電場、磁場、離子、遠紅外線治療疾病。將食物的性味與五行、五臟、五體、五官、五色、五味、五穀、五果、五補相關特性，列表如下：

	五行	五臟	五體	五官	五色	五味	五穀	五果	五補
1	金	肺	皮毛	鼻	白	辛	稻	桃	平補
2	木	肝	筋	目	青	酸	麥	李	升補
3	水	腎	骨	耳	黑	鹹	豆	粟	溫補
4	火	心	脈	舌	赤	苦	黍	杏	清補
5	土	脾	肉	口	黃	甘	稷	棗	淡補

　　由上表可知，例如醋是酸的，屬於木而歸肝；糖是甜的，屬於土補脾；黑木耳色黑，可以補腎；白木耳色白，可以補肺；依類推演其理論，可以進行食療法，以達到方便化、生活化、療養化、科學化的功效。

2. 臟象學說：

象學說係指中醫研究內臟生理功能和病理現象之學說。說明人體內臟器官功能活絡及其相互間的連繫途徑，有如人體和自動回饋系統控制。

3. 病因學說：

病因學說係指飲食、痰咳、暴飲、冷飲、疲勞、睡眠不足、煙酒、七情、六淫等致的來源。七情指喜、怒、哀、樂、恐、思、懼；六淫指火、燥、寒、暑、風、濕。食療法依其病狀，再應用食物、中藥、植物、果菜的藥理、藥性來治療疾病。

11-8　庫侖定律

歷史記載，至少在紀元600年以前，就有關於靜電場的知識，早期希臘人以其琥珀（amber）來表示電。1600年英蘭蘭醫生吉伯（Gilbert）提出闡述有玻璃、琥珀，以及其他物質、金屬、木材、沙土、水、油皆有電的理論。接著法國工程師（Charles coulomb）查理士庫侖一連串實驗，證明二帶靜電量之物體間相互作用力的大小。庫侖闡明在真空或自由空間中，二非常小之帶電體，其間之作用力與其所電量成正比，而與其距離之平方成反比，公式如下：

$$F = k \cdot \frac{Q_1 Q_2}{R^2} \text{ 但 } k = \frac{1}{4\pi\varepsilon_0}$$

$$= \frac{1}{4\pi\varepsilon_0} \cdot \frac{Q_1 Q_2}{R^2}$$

F：作用力　　　[牛頓]

k：比例常數

Q_1，Q_2：正、負電量　　　[庫侖]

R：兩的間隔距離　　　[公尺]

ε_0：真空中之誘導係數　　　[法拉／公尺]

$$\varepsilon_0 = 8.854 \times 10^{-12} \doteqdot \frac{1}{36\pi} \times 10^{-19} \qquad [法拉／公尺]$$

假若電荷之極性相同，二者相互排斥；極性相異，二相相互吸引。設向量 R_{12} 代表從 Q_1 到 Q_2 之方向線，而置 F_2 表作用於 Q_2 之力：

$$F_2 = \frac{Q_1 Q_2}{4\pi\varepsilon_0 R_{12}^2} a_{R_{12}}$$

上式 $a_{R_2} = R_{12}$ 方向之單位向量或

$$a_{R_2} = \frac{R_{12}}{|R_{12}|} = \frac{R_{12}}{R_{12}}$$

[例一] 假設在真空中有一電量為 3×10^{-4} 庫侖之電荷，位於 $P(1,2,3)$ 點，而另一電量為 -10^{-4} 庫侖之電荷位於 $Q(2,0,5)$ 點，試求作用力之大小？

解： $Q_1 = 3 \times 10^{-4}$，$Q_2 = -10^{-4}$

$R_{12} = (2-1)a_x + (0-2)a_y + (5-3)a_z = a_x - 2a_y + 2a_z$

$a_{R_2} = \dfrac{a_x - 2a_y + 2a_z}{3}$

$F_2 = \dfrac{3 \times 10^{-4}(-10^{-4})}{4\pi(1/36\pi)10^{-9} \times 9}\left(\dfrac{a_x - 2a_y + 2a_z}{3}\right)$

$\quad\ = -30\left(\dfrac{a_x - 2a_y + 2a_z}{3}\right)$ 　　　[牛頓]

此力之大小為 30 牛頓，而其方向如單位向量所定，此單位向量如上式括號內所示。括號之左邊表力之大小。作用於 Q_2 之作用力也可視為三個分力。

$$F_2 = -10a_x + 20a_y - 20a_z$$

庫侖定律所表示之力為一相互作用之力，可言二電荷彼此所受之力大小相等，但方向相反。又可寫成

$$F_1 = -F_2 = \frac{Q_1 Q_2}{4\pi\varepsilon_0 R_{12}^2} a_{R_{12}} = -\frac{Q_1 Q_2}{4\pi\varepsilon_0 R_{12}^2} a_{R_{12}}$$

　　庫侖定律為線性定律，將Q_1乘一因數n，則作用於Q_2之力亦增加n倍。在數學上或工程數學有說明，在許多電荷分佈的範圍內總作用於電荷之力，即為各相互作用力之和。氣功之指壓法，亦此為理論。

11-9　電場強度

　　若設一電荷Q_1固定於某一位置，而逐漸移動第二個電荷於Q_1周圍，在任一位置，皆有力作用於第二電荷，則第二電荷會顯示出一力場，由實驗中，或氣功中實驗皆有此現象。第二電荷為試驗電荷Q_t，所受之作用力：

$$F_t = \frac{Q_1 Q_2}{4\pi\varepsilon_0 R_{1t}^2}\, a_{R_{1t}}$$

將此力寫成每單位電荷所受之力：

$$\frac{F_t}{Q_t} = \frac{Q_1}{4\pi\varepsilon_0 R_{1t}^2}\, a_{R_{1t}} \cdots\cdots(1)$$

　　(1)式右邊表示Q_1之函數，而其方向性線段，為Q_1到試驗電荷所在位置，乃可說明一向量場，稱為電場強度（electric field intensity）。

　　電場強度以每單位庫侖牛頓或每單位電荷之力度量。另一單位為伏特，每公尺伏特直接度量一電場強度，電場強度之符號以E表示：

$$E = \frac{F_t}{Q_t} \cdots\cdots(2)$$

$$E = \frac{Q_1}{4\pi\varepsilon_0 R_{1t}^2}\, a_{R_{1t}} \cdots\cdots(3)$$

　　(2)式表示電場強度之定義說明式，(3)式表示由真空中單一點電荷Q_1所產生之電場強度。

11-10　能量與電位

　　由前面的庫侖定律以及其應用，有簡述電荷分佈所產生的電場問題，同時應用高斯定律解一些對稱分佈的電荷所產生的電場。高斯定律應用於相當對稱的分佈形態的問題，必正確選擇一適當的封閉面，則問題的積分將消失。

11-10-1　電場中運動的點電荷能量之消耗

　　電場的方向移動電荷，所做的功轉為負值，也指我們沒有作功，但電場作功。若依E方向移動一電荷Q一段距離dl，電場作用於Q之力：

$$F_E = QE$$

上式之E，表示此力是由電場產生的，而此力在dl方向之分量：

$$F_{LE} = F_E \cdot a_L = QE \cdot a_L$$

此處$a_L = dl$方向之單位向量。

　　消耗之能量為力與距離之乘積，因此外加能量移動電荷Q所作功之微分量$= -QE \cdot a_L dl = -QE \cdot dl$

$$dW = -QE \cdot dl \quad [焦耳]$$

　　再由電場中之電荷，移動此電荷一有限距離所需之功，需要積分，即可求出

$$W = -Q \int_{初始的}^{最終的} E \cdot dl$$

此式積分的上下限，在計算積分前必要先確定之值。

11-10-2　線積分

　　向量分析的觀念上，始終以向量場與一微分增量的向量長度dl之純量相乘的積分式表示。若不用向量分析，其公式：

$$W = -Q \int_{初始的}^{最終的} E_L dl$$

此式E_L等於E沿dl方向之分量。

11-10-3 電位差與電位差之定義

若在一電場E中，以外力移動一電荷Q由一點至另一點，外加能源所做之功：

$$W = -Q \int_{初始的}^{最終的} E \cdot dl$$

依定義電場強度為作用於單位電荷之力的同一方法，可再定義電位差為在一電場中外加能源移動一單位正電荷由一點至另一點所完成的功。

$$電位差 = -\int_{初始的}^{最終的} E \cdot dl$$

電位差以每庫侖焦耳數度量。單位是伏特，若A點及B點之電位差V_{AB}：

$$V_{AB} = -\int_B^A E \cdot dl \qquad [伏特]$$

習 題

1. 氣的方位與人體能量有何相關連？

2. 氣與血在時辰對人體能量有何相關連？

3. 磁力線之特性？它與人體有何相關連？

4. 磁通、磁通密度、導磁係數之定義、公式、單位？

5. 正磁場、電場、離子與負磁場、電場、離子有何不同特性？對人體健康有何影響？

6. 人在睡覺時，將電子鬧鐘、收音機、大哥大放置在頭頂上，對人體健康有何影響？

7. 人體的細胞膜電位、經絡電位對人體健康有何影響及舉例自然界、生活中之狀況？

8. 如何淨化血液或增強負離子、電場、磁場及其那些功能？

9. 養身、養生、養心及精氣神的生活哲理對人體健康有何影響？

10. 人的情志對人體的氣機有何影響？又如何改善其心志？

11. 食物療法有三個基本理論，簡述其功能？它對人體健康有何影響？

12. 電場內、電力線有那些特性？其電力線分佈有那些形式？

13. 若有一質子的電量是 $+1.2 \times 10^{-19}$ 庫侖，電子的電量是 -1.2×10^{-19} 庫侖，在氫原子中電子和質子間的距離是 2.4×10^{-10} 米，試求下列問題：

[A]相互間的電力作用力之值？

[B]兩者間作用重力之值？

[C]電力與重力的比值？

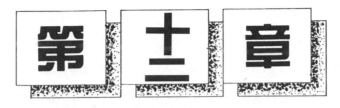

第十二章

醫電對人體
經絡能量的影響

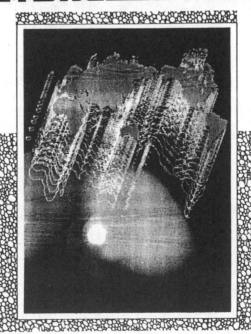

12-1　中國醫學的理論

　　早年受中國傳統醫學的理論影響至深,首先要了解中國醫學的理論,因醫學分為兩大體系有(1)自然論的中國醫學體系。(2)科學論的西方醫學體系。

(1)　西方的醫學體系強調『專科醫學』,以分手之局部去治療;其優點是袪除細菌迅速,手術醫療極佳,缺點是易流於治標難治本。

(2)　自然的醫學體系強調『陰陽學說』、『五行學說』、『臟象學說』、『經絡學說』等,它闡述人體的生理及物理的功能。

1.　陰陽學說:

　　陰陽學說係以解釋人體臟腑生理、病理以及臨床診斷、治療和處方用藥的一種自然現象的基本概念之說理工具;它本質上是唯物的『氣』一元論。陰陽學說用以解釋自然現象,它認為自然界事物的變化,確具有對立和相互依存的特性。

　　陰陽學明自然界和人體結構功能,還有矛盾互動規律,以解釋人體的生理功能和病理變化。以陰陽學是唯一可以作為解釋人體生理、病理和診斷、治療等規律之學說;它在醫學的具體應用如下:

(1)　說明人體的生理功能。

(2)　說明人體的組織結構。

(3)　說明人體的病理變化。

2.　五行學說:

　　五行學說是講自然界中的木、火、土、金、水之五種物質元素。若以自然方面而論,分為兩項如下:

(1)　依五種物質運動變化或物質形態功能,了解兩者之間相互能變化與相互反饋控制規律之關係。

(2)　依五種物質對自然界的週期變化、歸類方法及規律次序的循環運動。

　　五行學說明自然界的相互依存、相互變化、相互促進、相互制律之週期循環,以及人體五臟六腑的反饋控制規律。它以自然界的時令五氣色味與人體的臟腑說明對事物的歸屬表如下:

	時令	春	夏	長夏	秋	冬
自然界	五氣	風	暑	濕	燥	寒
	五味	酸	苦	甘	辛	鹹
	五色	青	赤	黃	白	黑
	五行	木	火	土	金	水
人體	五志	怒	喜	思	悲	恐
	五官	目	舌	口	鼻	耳
	臟	肝	心	脾	肺	腎
	腑	膽	小腸	胃	大腸	膀胱
	肢體	筋	脈	肌肉	皮毛	骨

3.　臟象學說：

　　臟象學說明人體內臟器官功能活絡及其相互間的連繫途徑，有如人體和自動回饋系統控制。又係指人體內的臟腑器官、五臟六腑，五臟指心、肝、脾、肺、腎，又包括心絡（ 心的外圍 ），則共有六臟。六腑指膽、胃、小腸、大腸、膀胱、三焦。奇恆之腑指腦、髓、骨、脈、膽、子宮，它具有特殊的功能。

　　五臟、六腑、奇恆之腑乃構成人體的三種不同系統的組織結構，此為有機整體的生理活動，生命活力的健康，都以『精』、『氣』、『神』、『血』、『津液』為生命活力之支柱，精充、氣足、神全是健康的資本，則精虧、氣虛、神耗是衰老的現象。五臟是貯藏精氣神之系統，六腑只管消化吸收排泄之系統，於是臟腑生理功能的活絡，它會不斷消減，同時也不斷補充滋生的循環。它們消耗滋生回饋系統之現象，完全靠著食物、自然界的正負離子與磁場、電場及氣功舒暢筋絡等功能，使人體內外各部功能上互相聯繫整體生命活力的健康。

4.　經絡學說：

　　經絡學說明人體內臟器官功能的活絡及其他互相的連繫途徑，有如體和自動控制回饋系統相似。它是人體組織結構旳重要組成系統之一，能夠暢通表裏、上下，又能聯絡臟腑組織與運行氣血的回饋控制系統。

　　經絡分為經脈和絡脈兩個系統，經是運行氣血的路徑，縱橫全身之路徑；

絡是經脈的分支，網路全身之路徑。經脈又分為正經和奇經兩個系統，正經有十二條經脈與五臟六腑直接相通，分別循環運行在人體各部位但每條經脈之間，又與絡脈互相連繫，運行氣血之功能，形成一個整體的自動控制回饋系統。奇經有八條經脈不與五臟六腑直接相通。

經絡在生理上，具有運行營衛氣血，溝通表裏，抵禦病邪，保衛機體的功能。若在病理變化時，經絡、手掌血管或顏色，可以反映出病變的部位，也是疾病傳染的通路。

(1) 十二經脈

十二經脈是以陰陽來表明它的屬性，凡是與臟相連屬，循行在肢體內側的經脈，稱為陰經；凡是與臟相屬，循行在肢體外側的經脈，稱為陽經。同時，根據內臟的性質和循行位置，又可分為手三陰、手三陽、足三陰、足三陽經脈。

十二經絡各與其所控制的五臟六腑連結，稱為(1)肺經(2)大腸經(3)胃經(4)脾經(5)心經(6)小腸經(7)膀胱經(8)腎經(9)心包經(10)三焦經(11)膽經(12)肝經。屬於生命活動之源，稱為氣，乃是由環繞肺臟的肺經出發，依前面所排列的順序循環於體內，最後又回到肺經。

(2) 奇經八脈

奇經八脈是督脈、任脈、二中脈、帶脈、陰蹻、陽蹻、陰維、陽維等八條脈的總稱。這八條脈的特點是不與臟腑直接相通，不受十二經脈循行次序的約制，而是『別道奇行』的經脈，所以稱為『奇經八脈』。

奇經八脈是氣血運行的通道，當十二經脈運行的氣血盈滿時，就流溢到奇經八脈中貯存起來。當十二經脈氣血不足時，奇經八脈再把氣血還流到十二經脈中。奇經八脈主要作用是維繫和調節十二經脈氣血；它能涵蓋的氣血、營養體內組織、內溫臟腑，外濡腠理的作用。

12-2　人體工學的自體測試法

　　疾病來自氣血不舒暢、食物不均衡、空氣污染、未適當運動，造成疾病之因素。可依氣就是經絡、穴道，光電學的感測器。血就是休息為本，食物就酸鹼的認知。

　　如何自體測試法？平時的體驗、觀察、測試之三步驟。

第一步驟：輕微的警訊（如感測器之點滅），由於過度疲倦感（如失眠、偏頭痛）、壓力的緊張（如燥鬱症、抽筋）、食慾增強（如肥胖症、痴呆症）、經常咳嗽、畏寒、體重不正常增加。可測出身體脂肪、甜食、鹽份攝取太多，而纖維質攝取不足之現象。如何改善？必要飲食調整、減低壓力、減少怒恐。

第二步驟：體內的毒素增多，堆積在體內，分泌不正常（如感測器失真），由於口乾舌燥（如火氣、虛火）、經常感冒或氣喘、紅疹或過敏、打嗝脹氣、便泌、腹瀉、嘔吐。可測出女性經痛、發炎、僵硬、腰酸背痛、頻尿、高血壓之現象。如何改善？必要注意情志、醫院檢查、口慾要調適。

第三步驟：疾病併發（如感測器損害），由於飲食不正常、關節炎、痛風、退化性關節炎、白內障、骨質疏鬆症。可測出記憶力喪失、失眠、糖尿病、腎臟病、癌症之現象。如何改善？必要嚴格飲食治療、適當運動、消除內在的廢物、藥物療法、心理調適。

12-3　雷射針炙器對人體經絡能量的影響

　　在日本留學、工作期間，專攻研究雷射設計、製造及其雷射醫療、加工、檢測之應用。學成歸國後，繼續研究開發『雷射針炙器對人體經絡能量之影響』，此台雷射針炙器研發十二餘年，測試近兩年之臨床經驗及其測試數值，對將來的改進修正之用。

　　雷射應用在臨床醫學上，必要了解雷射裝置系統、熟悉操作之外，更要著重於安全穩定使用及雷射原理、特性。雷射光線照射物質，產生反射、穿透、吸收之外，還有散射現象，光束與光的波長有關之外，與血液、色素的組織成分以含水量都有關係。雷射的波長不同，設計光功率較小，配合生物醫學上各種診斷與治療之技術。目前使用醫所使用的雷射，其波長在$0.1\mu m$至$16\mu m$之間，是在紫外光與遠紅外光之內。使用雷射光不能正視，以免傷害視網膜，形成瞎眼之後果。

　　雷射光具有熱效應、光化學作用、壓力作用以及電磁效應。它可應用在醫療方向、光電探測、加工方面等。著者研究此台雷射針炙器其功率8毫瓦，對人體的皮膚、經絡、穴位的組織表層就完全被吸收，對組織的熱效應可深達數毫米，在未經雷射針炙器照射經絡的穴位，先利用『良導絡測試』結合『電腦系統』，可得知『經絡分析曲線圖』、『機能分析』、『生理分析』、『五行臟相氣血分析表』、『五行臟相陰陽分析表』等，提供身體健康的狀況。

1肺部	2血管	3心臟	4小腸	5淋巴	6大腸	7脾臟	8肝臟	9腎臟	A膀胱	B膽囊	C胃部
金	相火	君火	君火	相火	金	土	木	水	水	木	土
太淵	大陵	神門	陽谷	陽池	陽谿	太白	太衝	大鐘	束骨	丘墟	衝陽
左: 84	53	63	83	109	92	66	77	53	67	66	105
右: 95	67	63	71	102	92	110	78	62	56	93	99

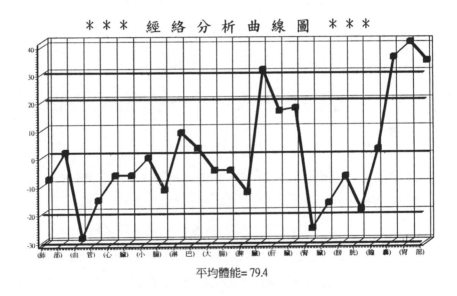

＊＊＊　經　絡　分　析　曲　線　圖　＊＊＊

平均體能＝ 79.4

圖12-1　雷射針炙器未照射的經絡能量分析表

	1肺部	2血管	3心臟	4小腸	5淋巴	6大腸	7脾臟	8肝臟	9腎臟	A膀胱	B膽囊	C胃部
	金	相火	君火	君火	相火	金	土	木	水	水	木	土
	太淵	大陵	神門	陽谷	陽池	陽谿	太白	太衝	大鐘	束骨	丘墟	衝陽
左:	79	84	68	77	106	88	76	77	63	68	75	104
右:	89	79	85	77	97	88	79	81	88	72	91	99

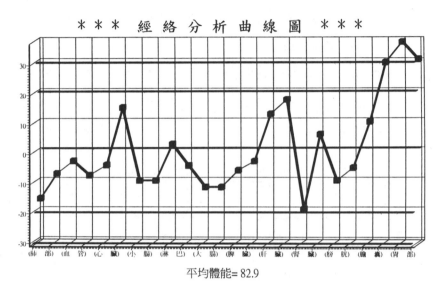

平均體能＝82.9

圖12-2　雷射針炙器照射後的經絡能量分析表

由圖12-1表示平均體能＝79.4，血管近－30紅線，脾臟超出＋30紅線，膽囊、胃部都超出＋30紅線，表示有病狀，腎臟超出－20外，亦要注意。由圖12-2表示平均體能＝82.9，逐漸改善體質，使陰陽調和，病狀有改善。

機能分析由圖12-1可知平均體能數值為79.417，在正常範圍50～100內，檢測結果之能量正常。手和腳的機能檢測結果正常。臟腑陰陽調和正常、相近。自律神經檢測結果正常。右手、左手及右腳、腳之機能在正常範圍內。

生理分析由圖12-1可知脾臟—實症之分析，有胃脹、失眠、多夢、耳鳴、皮膚異常之現象；建議事項：精神壓力大、少喝冰涼飲料、多休息、喝熱黑糖水、小黃菊和枸杞加黑糖熬熱水服用。膽囊—實症之分析，有胃脹、口苦、頭痛、胸脹、不眠、噁心，膽汁分泌不足造成胃脾失調之現象。胃—實症呈現狀況。

　　圖12-2經過雷射針炙器照射後的經絡能量分析表。機能分析而知改善甚佳，平均體能數值為82.917，使臟腑陰陽更調合。生理分析由12-2可知脾臟—實症恢復正常。膽囊—實症之分析也呈現正常。胃—實症之體熱也降低了。

　　照片12-1是雷射針炙器照射喉部凹處之穴位。右邊拿的是雷射針炙器。照片12-2是良導絡測定及電腦經絡能量分析表。

照片12-1　雷射針炙器照射喉部凹處之穴位

照片12-2　良導絡測定及電腦經絡能量分析

12-4 高壓電位治療器對人體經絡能量的影響

在日本留學、工作十餘年的高壓放電、雷射設計製作及其應用,已研究成功的『高壓電位治療器對人體經絡能量的影響』,利用高壓電位形成靜磁場,將負電場、負磁場、負離子產生在紫外光至遠紅外光區域,藉由光纖坐墊,打通人體的經絡,有助提升免疫力、活絡細胞、能量提高之功效。特別設計利用三千伏特至九千伏特不等的高壓電位來激發位能,形成負磁場、負電場、負離子,藉著光纖坐墊傳達於人體,打通全身脈絡,以治療各種病症,改善人體的能量及健康。

	1肺部	2血管	3心臟	4小腸	5淋巴	6大腸	7脾臟	8肝臟	9腎臟	A膀胱	B膽囊	C胃部
	金	相火	君火	君火	相火	金	土	木	水	水	木	土
	太淵	大陵	神門	陽谷	陽池	陽谿	太白	太衝	大鐘	束骨	丘墟	衝陽
左:	55	51	48	53	78	76	12	27	10	28	19	28
右:	61	44	45	46	65	74	18	28	23	26	31	51

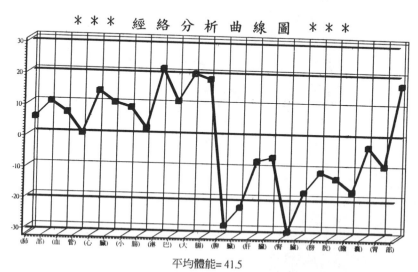

平均體能= 41.5

圖12-3 高壓電位治療器未坐前的經絡能量分析表

	1肺部	2血管	3心臟	4小腸	5淋巴	6大腸	7脾臟	8肝臟	9腎臟	A膀胱	B膽囊	C胃部
	金	相火	君火	君火	相火	金	土	木	水	水	木	土
	太淵	大陵	神門	陽谷	陽池	陽谿	太白	太衝	大鐘	束骨	丘墟	衝陽
左	51	51	35	51	79	91	34	37	24	17	20	39
右	73	57	58	63	89	135	44	41	43	20	37	67

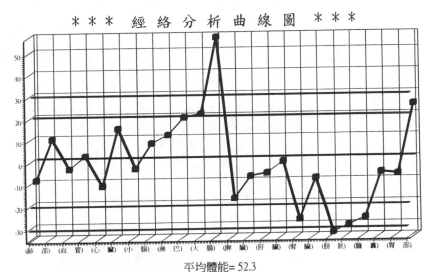

＊＊＊　經 絡 分 析 曲 線 圖　＊＊＊

平均體能= 52.3

圖12-4　高壓電位治療器坐後的經絡能量分析表

照片12-3　電腦左邊是研究開發測試的高壓電位治療器，提昇經絡能量及改善健康之情況

　　高壓電位治療器，二年間連續測試各種不同的正常人、病人、高血壓、糖尿病、中風等，統計其數值，非常穩定及發揮其功效。

12-5　高壓電位針炙器對人體經絡能量的影響

　　自律神經是支配臟器及組織的神經，由於疾病都是起因於自律神經失調。自律神經在皮膚體表的走行，因太細，肉眼看出，於利用高壓電位小電流對皮膚、經絡、穴位通微弱的電流時，在那一部位有電阻較小而易通電，打通人體經絡之生命電位，促進氣血活絡，有益身體的健康，命名為『高壓電位針炙器』，照片12-4被測試實驗者，五十肩疼痛不已，經過老師指導學生在被測試者的經絡、穴位放電刺激後，改善極多而痊癒。

照片12-4　高壓電壓針炙器對學生五十肩疼痛的經絡、穴位刺擊放電位之情形

　　高壓放電產生放電電位，藉由設計針炙器對人體的經絡穴位作良導絡自律神經調整治療法，指經絡針炙器放電來提高人體經絡能量，增加細胞活絡及免疫力，能使血氣舒暢，有益於身體的健康。人體內臟有毛病時，將會在體表皮膚上產生特定的電流及內電阻因素，可應用數位三用電表、數位示波器測試波形、相位的特性，於是研究開發相關儀器來對人體的皮膚、經絡、穴位通過的點連結而形成的回饋系統，這種電流容易通過的點之連絡系統稱為高壓電位針炙器治療法或稱高壓電位經絡能量治療法。經過長期設計及測試各類病狀作出歸納統計數據，配合中長期的臨床實驗和外界的觀察、民俗療法的看法，作出分析及探討。在生理學方面都有了相當綜合性的成果，但是在外科學及細菌性的疾病上較弱的特性，於是研究開發理工理論、儀器結合西方醫學，組合為醫電工學系統，形成中西醫合併的優點、特性。

內臟有病變、血氣阻礙時，都會在身體體表的皮膚、眼睛、色澤、指甲顏色或紋路、手掌的顏色、血管的顏色上發生各種的反射現象，它會引起知覺神經、運動神經、自律神經之反射現象，自律神經包含交感神經和副交感神經。知覺神經係由內臟到身體外表上，即是知覺神經反射有連關痛及賀德氏過敏帶等。運動神經係以腹直筋僵硬、背部、後頸部、肩膀等，表現出各部位的僵硬特性。自律神經係由內臟至身體體表的反射。利用這種特性研究出『高壓電位針灸棒對經絡、穴位、皮膚』在交感神經反映出經絡點、穴位點之電位能量反射現象。

較大的電極測試健康人、學生們的皮膚電阻，以及在基本電學實驗課測試學生自己的皮膚電阻，係由測試數據上而知上半身的電阻較小，下半身的電阻較大。實驗測試中，調自律神經就能把內臟調適好，則病也自然會治癒。理工群將基本電學、電路學、微積分、應用力學、流體力學結合方醫學，更要了解自律神經的作用，簡述如下：

(1)　自律神經支配排泄作用。

(2)　自律神經支配內臟、眼睛、耳朵、鼻子、口腔等器官及組織的一切機能。

由(1)、(2)因素相關連系統，若促進消化液的分泌、吸收，以及胃液、胰液、腸液等消化液的分泌；還有胃腸的蠕動或分節運動、情緒管理、壓力鬆弛，都由自律神經支配。

習　題

1. 試比較科學論的西方醫學與自然論的中國醫學有何不同特性？

2. 陰陽學說、五行學說、臟象學說、經絡學說對人體的生理、物理有何功能？

3. 十二經脈對人體健康有何功能及其關連？

4. 奇經八脈對人體健康有何功能及其關連？

5. 人體工學的自體測試法有那些三步驟？該如何處理人體的病況？

6. 利用『良導絡測試』測試自己的『經絡分析曲線圖』來分析自己身體健康的狀況？

7. 雷射針炙器對人體經絡能量有何影響？

8. 試比較分析『高壓電位治療未坐前的經絡能量』與『高壓電位治療坐後的經絡能量』對人體健康的影響？

9. 傳統針炙與高壓電位針炙器有何不同特性？對人體健康有何影響？

10. 氣功與高壓電位針炙器有何不同特性？對人體健康有何影響？

11. 雷射針炙器在設計方面、使用時應注意那些因素？

12. 高壓電位治療器在設計方面、使用時應注意那些因素？

13. 高壓電位針炙器在設計方面、使用時應注意那些因素？

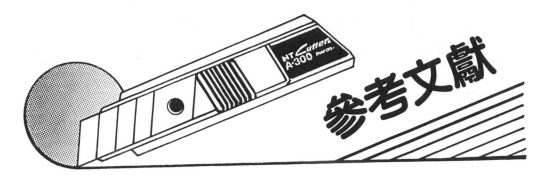

參考文獻

1. 機械技術（光電特輯）1989/1（47期）　全華圖書公司。

2. レーザーそその應用　島津備愛　產報出版。

3. 光電科技資料叢書之一何謂光電　　石大成　　行政院國科會光電小組編。

4. 光電、電子光學（Ⅰ）（Ⅱ）　石黑浩三、高木佐知夫　朝倉書店。

5. 電氣物性學　酒井善雄、山中俊一　森北出版社。

6. 物理光學　M.伽本尼。

7. 雷射原理與應用　林三寶　全華圖書公司。

8. 電子計測　須山正敏、石井弘允、關根好文　コロナ社。

9. レーザー裝置　NEC日本電氣株式會社。

10. 光フアイバセンサ-アイデア學　工博根本俊雄　エレクトロンクス文庫。

11. 光フアイバ通信システム　藤倉電線。

12. やさしい光技術　光產業技術拓興協會。

13. 日本大學理工學部理工研究所　學術講演論文集。

14. レーザ應用技術　工學博士小林春洋　日刊工業新聞社。

15. 電氣雜誌 OHM。

16. 光上畫像基礎工學　電氣學會。

17. Handbook of optical Holography　H.J.Caulfield　New York Intersience。

18. Principles of Holography HowARD M. SMITH。

19. レーザーとその未來　リボレ、小林謙二、中村宏樹　東京圖書。

20.　レーザーと未來社會　山中千代衞　三田出版會 。

21.　ＶＬＳＩ技術革新スーパースター　電氣と管理編集部二編　電氣書院 。

親愛的讀者，您好！

　　感謝您對全華圖書的支持與愛用，雖然我們很慎重仔細的處理每一本書，但疏漏之處在所難免，若您發現本書有任何錯誤或不當之處，敬請填寫於勘誤表內，我們將詳盡查證後於再版時修正。您的批評與指教是鞭策我們前進的最大原動力，謝謝您的合作！

全華編輯部

書名：				
編號：		作者：		版次：
頁　數	行　數	錯　誤　或　不　當　之　詞　句	建　議　修　正　之　詞　句	
其他之批評與建議：（如封面、編排、架構……等）				

詳填後請寄至：台北市龍江路 76 巷 20-2 號 2 F　全華科技圖書公司編輯部收

國家圖書館出版品預行編目資料

雷射原理與光電檢測 / 陳席卿編著. -- 三版. -- 臺
　北縣土城市 : 全華圖書, 2011.03
　　　面　；　公分
　參考書目:面
　ISBN 978-957-21-6531-7(平裝)

　1.雷射光學　2.光電科學　3.光學檢測
448.68　　　　　　　　　　　　97009543

雷射原理與光電檢測

作者 / 陳席卿

發行人 / 陳本源

執行編輯 / 曾霈宗

出版者 / 全華圖書股份有限公司

郵政帳號 / 0100836-1 號

印刷者 / 宏懋打字印刷股份有限公司

圖書編號 / 0207302

三版三刷 / 2015 年 05 月

定價 / 新台幣 280 元

ISBN / 978-957-21-6531-7(平裝)

全華圖書 / www.chwa.com.tw

全華網路書店 Open Tech / www.opentech.com.tw

若您對書籍內容、排版印刷有任何問題，歡迎來信指導 book@chwa.com.tw

臺北總公司(北區營業處)
地址：23671 新北市土城區忠義路 21 號
電話：(02) 2262-5666
傳真：(02) 6637-3695、6637-3696

中區營業處
地址：40256 臺中市南區樹義一巷 26 號
電話：(04) 2261-8485
傳真：(04) 3600-9806

南區營業處
地址：80769 高雄市三民區應安街 12 號
電話：(07) 381-1377
傳真：(07) 862-5562

歡迎加入 全華會員

● **會員獨享**

　會享購書折扣‧紅利積點‧生日禮金‧不定期優惠活動…等。

● **如何加入會員**

　填妥讀者回函卡直接傳真 (02) 2262-0900 或寄回,將由專人協助登入會員資料,待收到 E-MAIL 通知後即可成為會員。

如何購買 全華書籍

1. **網路購書**

　全華網路書店「http://www.opentech.com.tw」,加入會員購書更便利,並享有紅利積點回饋等各式優惠。

2. **全華門市、全省書局**

　歡迎至全華門市(新北市土城區忠義路21號)或全省各大書局、連鎖書店選購。

3. **來電訂購**

　(1) 訂購專線:(02) 2262-5666 轉 321-324

　(2) 傳真專線:(02) 6637-3696

　(3) 郵局劃撥(帳號:0100836-1 戶名:全華圖書股份有限公司)

※ 購書未滿一千元者,酌收運費 70 元。

OpenTech 全華網路書店
.com.tw

全華網路書店 www.opentech.com.tw
E-mail: service@chwa.com.tw

※ 本會員制如有變更則以最新修訂制度為準,造成不便請見諒。

讀 者 回 函 卡

填寫日期：　　/　　/

姓名：　　　　　　生日：西元　　　年　　　月　　　日　性別：□男 □女

電話：（　　）　　　　　傳真：（　　）　　　　　手機：

e-mail：（必填）

通訊處：□□□□□

註：數字零，請用 φ 表示，數字1與英文L請另註明並書寫端正，謝謝。

學歷：□博士 □碩士 □大學 □專科 □高中·職

職業：□工程師 □教師 □學生 □軍·公 □其他

學校/公司：　　　　　　　　科系/部門：

· 需求書類：

□A.電子 □B.電機 □C.計算機工程 □D.資訊 □E.機械 □F.汽車 □I.工管 □J.土木

□K.化工 □L.設計 □M.商管 □N.日文 □O.美容 □P.休閒 □Q.餐飲 □B.其他

· 本次購買圖書為：　　　　　　　　　書號：

· 您對本書的評價：

封面設計：□非常滿意 □滿意 □尚可 □需改善，請說明

內容表達：□非常滿意 □滿意 □尚可 □需改善，請說明

版面編排：□非常滿意 □滿意 □尚可 □需改善，請說明

印刷品質：□非常滿意 □滿意 □尚可 □需改善，請說明

書籍定價：□非常滿意 □滿意 □尚可 □需改善，請說明

整體評價：請說明

· 您在何處購買本書？

□書局 □網路書店 □書展 □團購 □其他

· 您購買本書的原因？(可複選)

□個人需要 □幫公司採購 □親友推薦 □老師指定之課本 □其他

· 您希望全華以何種方式提供出版訊息及特惠活動？

□電子報 □DM □廣告 (媒體名稱　　　　　　　　)

· 您是否上過全華網路書店？(www.opentech.com.tw)

□是 □否　您的建議

· 您希望全華出版那方面書籍？

· 您希望全華加強那些服務？

~感謝您提供寶貴意見，全華將秉持服務的熱忱，出版更多好書，以饗讀者。

全華網路書店 http://www.opentech.com.tw　客服信箱 service@chwa.com.tw

2011.03 修訂

親愛的讀者：

感謝您對全華圖書的支持與愛護，雖然我們很慎重的處理每一本書，但恐仍有疏漏之處，若您發現本書有任何錯誤，請填寫於勘誤表內寄回，我們將於再版時修正，您的批評與指教是我們進步的原動力，謝謝！

全華圖書　敬上

勘　誤　表

書號		書名		作者
頁數	行數	錯誤或不當之詞句		建議修改之詞句

我有話要說：(其它之批評與建議，如封面、編排、內容、印刷品質等···)